变化环境下干旱区水文情势及水资源优化调配

杨　涛　刘　鹏　著

科 学 出 版 社

北 京

内 容 简 介

本书分析了变化环境下我国内陆干旱区的水文情势，建立了适应气候变化的水资源优化调配技术，是国家"十二五"科技支撑课题、国家自然科学基金项目等多项研究成果的系统总结。全书共 7 章，第 1 章阐述了研究变化环境下干旱区水文情势及水资源优化调配技术的背景及意义；第 2 章阐述了气候变化对冰雪雨混合径流及洪水的影响；第 3 章分析和计算了气候变化对水库水面蒸发的影响；第 4 章评估了内陆干旱区的历史、现状旱情，对未来干旱情势演变进行了预估；第 5 章建立了适应气候变化的山区-平原水库联合调度模型；第 6 章对开展联合调度的综合效益进行了分析和计算；第 7 章对全书内容进行了总结并提出展望。

本书可供水文水资源学科、农业工程及水利工程等学科的科研人员、大学教师、研究生和本科生，以及从事水资源管理领域的技术人员阅读参考。

图书在版编目(CIP)数据

变化环境下干旱区水文情势及水资源优化调配/杨涛，刘鹏著. —北京：科学出版社，2016.5

ISBN 978-7-03-048138-2

Ⅰ. ①变… Ⅱ. ①杨… ②刘… Ⅲ. ①水文情势-研究-新疆②资源管理-研究-新疆 Ⅳ. ①P333 ② ③TV213.4

中国版本图书馆 CIP 数据核字 (2016) 第 091621 号

责任编辑：胡 凯 周 丹 王 希／责任校对：赵桂芬
责任印制：张 倩／封面设计：许 瑞

科学出版社 出版
北京东黄城根北街 16 号
邮政编码：100717
http://www.sciencep.com

北京通州皇家印刷厂 印刷
科学出版社发行 各地新华书店经销

*

2016 年 9 月第 一 版 开本：720×1000 1/16
2016 年 9 月第一次印刷 印张：8 1/2
字数：100 000

定价：**68.00** 元
(如有印装质量问题，我社负责调换)

前　言

近年来，气候变化导致全球气候变暖，洪涝、干旱等灾害事件频繁发生且不断加剧，对人民生命财产和社会经济发展构成了严重的威胁，水安全问题已经成为社会、政府和科学界越来越关注的热点。对干旱区而言，水安全问题则更为突出，特别是干旱灾害，其发生频率和造成的损失均高于非干旱区。

本书主要针对气候变化条件下我国内陆干旱区水资源综合开发利用的难点，以保障水资源和生态安全为切入点，重点探索山区-平原水库调节与反调节关键技术，紧密结合我国内陆干旱区水资源极端匮乏、洪涝灾害及干旱频繁发生的实际情况，从研究区的供需现状和缺水现状着手，解析气候变化对内陆干旱流域山区冰雪雨混合径流及洪水灾害、下游平原水库的蒸发渗漏及旱情的影响，提出文化粒子群混沌算法和大系统协调分解算法框架，构建适应气候变化的干旱区山区水库调节-平原水库反调节优化调度模型，实现多目标（防洪、发电、灌溉和生态）集成优化调度，有效提高计算精度和效率。对联合调度从防洪、发电、灌溉、节水等角度进行综合效益分析，以实现水资源的经济、社会、生态等综合效益，为流域社会经济与生态环境保护提供科学依据，也为流域水资源规划及水资源可持续利用提供参考。

本书对内陆干旱区冰雪雨混合产流理论、水库蒸发和渗漏理论、干旱评估理论、水库联合调度理论和方法进行系统的总结与提升，是国家自然科学基金项目"气候变化条件下天山南坡出山口融雪径流灾害事件的形成机理与预测"(41371051)、国家"十二五"科技支撑项目专题"山区水库与平原水库调节与反调节技术专题"(SQ2011SF09C02489)等的研究成果。

由于作者水平有限,书中难免存在疏漏与不足,恳请读者给予批评和指正。

作　者

2016 年 3 月

目　　录

第1章 绪 论

1.1 研究背景及意义

水是干旱区的命脉，是制约干旱区社会经济发展的决定性因素。近年来，随着全球气候变暖，我国很多干旱地区特大洪涝、干旱等灾害性事件频繁发生并不断加剧，远高于同期多年平均水平，发生时间也异于常年，水安全问题日益严重，已经成为当今社会、政府和科学界越来越关注的焦点 (WMO, 1986；秦大河等，2002a)。其中地处我国干旱内陆地区的新疆维吾尔自治区尤为典型。

近年来，随着气候从暖干化向暖湿化转型，新疆水安全问题呈现出以下特点：① 20 世纪 90 年代以来，受气候变化影响，冰雪、泥石流、滑坡等衍生洪水灾害出现频次明显增加，由 80 年代的年平均 0.5 次提高到年平均 1.1 次，对流域下游的生命财产安全造成巨大威胁。② 目前已建 477 座水库，大多为平原水库，水深浅、面积大、蒸发量大。根据已有研究成果估算，新疆平原水库的年蒸发量为 26.1 亿 m³，蒸发损失超过水库总库容的 40%。平原水库蒸发浪费了大量宝贵的水资源，降低了新疆水资源利用效率。③ 分布在塔里木河下游的天然胡杨林，是新疆干旱区的重要生态屏障和内地通往新疆的绿色走廊。受气候变化与人类活动的共同影响，1959~1983 年的 24 年间，塔里木河流域土地沙漠化面积占比从 66.2% 上升到 81.83%。80 年代以来，下游来水量减幅达 80% 以上，致使中下游生态环境日趋恶化。50 年代，塔里木河中下游胡杨林面积达 580 万亩[①]，70 年代为 297 万亩，而到 90 年代仅剩 152.25 万亩。④ 新疆社

---

① 1 亩 ≈666.7m²

会经济的跨越式发展，带动了对发电需求的快速增长。水电作为清洁能源和可再生能源，对优化新疆能源结构具有重要的战略意义。而气候变化条件下新疆冰雪雨三元径流的变异性显著增加，极端洪水和干旱事件强度不断加剧，且重现期和出现时间和以往相差很大，给水电调度带来了巨大挑战。

针对气候变化条件下新疆水资源综合开发利用的难点，本书以保障新疆水资源和生态安全为切入点，研究气候变化下的新疆山区–平原水库群联合调度技术，以实现干旱区水资源综合效益最大化，对保障新疆社会经济的跨越式发展具有重要意义。

1.2   研究进展与现状

1.2.1   干旱指标及干旱评估研究

Mckee 于 1993 年提出了具有多功能的标准化降水指标 (standardized precipitation index, SPI)(Mckee et al.，1993)。它是基于一定时空尺度，降水的短缺对地表水、地下水、土壤湿度、积雪和流量变化的影响程度而制定的。它能识别不同的时间尺度，并能对降水量的不足提供信息。但是该指标只考虑了当时的降水量而忽略了前期干旱持续时间对后期干旱程度的影响，所以在实际应用中还存在一定的局限性。为了定义能够测定干旱程度和干旱持续时间的指数，Palmer 利用气象参数和土壤水分含量对干旱进行了初步研究，于 1965 年开发了 Z 指数和 Palmer 干旱指数(Palmer drought severity index, PDSI)(Palmer，1965)。Palmer 干旱指数综合考虑降水、潜在蒸散发以及前期土壤湿度和径流。尽管 PDSI 被看成是气象干旱指标，但它可以考虑降水、蒸散发以及土壤水分等条件，所有这些都是影响农业干旱和水文干旱的因素，因此也可以用 PDSI 来识别农业干旱和水文干旱。用 PDSI 的方法基本上能描述干旱发生、发展直至结束的全过程。因此，从形式上用 Palmer 的方法可提出最难确定的干旱特性、干旱强度及其起讫时间。我国气象科学研究院的安顺清等对 PDSI 进一步修正，使之更适合我国气候特征 (安顺清和邢久星，1986)。PDSI 作为一个综合类的干旱指标虽然能够比较准确地量化干旱程度，提高干旱评估的准确度和可信度，但研究过程相当复杂，不能快速地进行干旱程度的评价。在 Palmer 提出了 PDSI 这一开创性研究之后，许多水文上的参数，如降水、径流、土壤水分和空气中的水分含量等都被广泛应用于描述水文干旱的不同方面，比如径流就被国内外广泛应用于水文干旱的分析上。Shafer 和 Dezman 于 1982 年在科罗拉多州提出了地表水供水指数 (surface water supply index，SWSI)，用来评估积雪径流区的干旱程度 (Shafer and Dezman，1982)。在描述美国西部的可供水量时，该指标要优于 PDSI。之后，SWSI 就成了水文干旱监测中最著名的指数之一。作为地表水状况的度量，SWSI 弥补了 PDSI 未考虑降雪、水库蓄水、流量以及高地形降水情况的不足，但由于对地表水供水定义的不一致，以及权重因子会因为空间和时间的差异而不同，SWSI 具有不同的统计特性。

我国学者也针对干旱指标进行了一系列研究。朱炳瑗等 (1998) 用干燥度来确定干旱等级，定义为多年平均水面蒸发量与多年平均降水量之比。张存杰等 (1998) 对降水量进行了必要的转化，用 Z 指数描述干旱，并划分干旱等级。这个指标相比 SPI 用单一的降水效果要好一些，但是等级过多，不利于区分干旱程度。郭江勇等 (1997) 综合了近期降水、底墒和气温等要素定义出 I 指数来划分干旱程度，该指数除了考虑当时降水对土壤水分的补充，也考虑气温对干旱的影响，所需资料容易获取，计算方便，应用于干旱监测也有理想的效果，但是对前期降水时段的选取不易把握，对于不同的地方有不同的要求。

已有的国内外研究常用单一干旱指标对干旱程度进行研究和预测，

但是为了克服单一指标的限制和它们各自的缺点，更好地对具体的区域进行干旱的预测，把气象干旱指标、水文干旱指标和农业干旱指标综合起来是未来干旱预测的主要方向，具有十分重要的意义。在综合干旱指标的研究方面，Karamouz 等 (2009) 做了先行的尝试和研究，把气象干旱指标、水文干旱指标和农业干旱指标中的 SPI、SWSI 和 PDSI 通过干旱事件造成的相关损失整合成一个综合干旱指标 (hybrid drought index，HDI)。结果表明，综合干旱指标在预测方面对比单个指标有更好的表现。基于干旱造成的经济损失的综合干旱指标，能够帮助政府管理者研究、预测干旱的程度，具有广泛的应用前景。

1.2.2　干旱区水资源及水文过程响应研究

气候变化对我国水文水资源的影响研究始于 20 世纪 80 年代。考虑到华北和西北地区是我国主要的缺水地区，1988 年在国家自然科学基金及中国科学院支持的"中国海面与气候变化及其趋势和影响研究"重大项目中，首次设立了气候变化对华北、西北水资源影响研究专项。1991 年，水利部和国家科委 (现科学技术部) 共同组织了"八五"国家科技攻关计划项目"气候变化对水文水资源的影响及适应对策研究"。1994 年中美合作开展了"气候变化对水文水资源的影响及适应对策"研究。"九五"国家科技攻关计划重点项目"我国短期气候预测系统的研究"包括了"气候异常对我国水资源及水分循环影响的评估模型研究"专项，选择淮河流域和青藏高原作为研究区域，参加了 GEWEX 在亚洲季风区试验即 GAME 项目。"十五"国家科技攻关计划重点项目"中国可持续发展信息共享系统的开发研究"中设立了"气候异常对我国淡水资源的影响阈值及综合评价"专题，基于对未来水资源的模拟及水资源的需求预测进行气候变化阈值研究。近年开展的国家重点基础研究发展计划 (973 计划) 项目"气候变化对西北干旱区水循环影响机理与水资源安全研究"针对全球变暖问题重点研究我国北方干旱地区未来的气候情势、人类活动和水资源相互作用关系以及适应对策。通过上述项目研究，取得了众多成果。

在气候变化对径流影响研究方面，施雅风和张祥松 (1995) 研究了我国西北地区在 CO_2 倍增的情况下，水资源可能受到的影响，研究结论为季节性积雪趋于减少，冰川将继续后退萎缩，多年平均径流量相对稳定或少量增加。秦大河等 (2002b) 对长江源区水文资料进行分析，认为气温的上升与降水量的下降是长江源区年径流量逐年减少的主要原因。刘昌明等 (2003) 对黄河源区土地覆被与气候变化的水文效应进行分析，认为气候变化是黄河源区径流变化的重要原因。陈志恺 (2003) 长期从事西北水资源配置研究，认为在全球变暖背景下，黄河流域径流量减少的幅度比降水量大，而西北内陆河流域径流量有所增加。张建云 (2008) 论述了我国水资源系统对气候变化的敏感性以及未来气候变化下我国水资源的情势。

在水面蒸发变化规律研究方面，依据区域实测蒸发资料和气象资料开发的蒸发模型较多，大多的蒸发模型是根据区域地理条件和气候条件对彭曼公式和道尔顿模型参数进行修正而来的。施成熙等 (1984) 通过对比直线型气候指数模型、曲线型气候指数模型和质量转移模型的优劣，确定在不同情况下选用不同的水面蒸发模型。洪嘉琏和傅国斌 (1993) 应用相似理论，提出一个考虑自由对流和强迫对流相结合的水面蒸发模式。濮培民 (1994) 通过对水面蒸发与散热系数公式进行研究，从而提高公式的精度和适用性。多数模型在水面蒸发模拟时，采用单站实测资料，模型对单站水面蒸发量的模拟效果较好，但异地移用后效果不是很理想，因为水面蒸发对地理条件、气象条件等因素非常敏感，这些水面蒸发实验模型具有很强的局限性和区域性，缺乏空间上的适应性。

1.2.3　山区水库－平原水库调节与反调节技术研究

在水库调度技术研究方面, 1955 年美国学者 Little 提出了水库随机优化调度模型, 以美国的大古力水电站水库为实例, 并用随机动态规划法求解, 标志着用系统科学方法研究水库优化调度的开始。随着系统理论在水库优化调度领域的不断发展, 大量的研究成果不断问世, 针对不同问题的各种形式的模型也相继出现, 尤其是 20 世纪 70~80 年代研究成果最为丰富, 水库优化调度最基本的模型有线性规划模型 LP、动态规划模型 DP、逐步优化法 POA、非线性规划模型 NLP 等。在我国, 水库优化调度研究相对较晚, 20 世纪 60 年代初期吴沧浦提出了年调节水库最优运行的 DP 模型。1986 年董子敖等提出了计入径流时空相关关系的多目标层次优化法。80 年代后期至 90 年代初, 大连理工大学陈守煜、王子茹 (2006) 提出了水电站水库群模糊优化调度模型。韦柳涛等 (1992) 提出了水库群调度的人工神经网络模型。四川大学王黎、马光文 (1998) 提出了水电站水库群调度的遗传算法模型等。随着计算机及人工智能技术的发展与计算机及人工智能技术相结合技术的出现, 新的理论不断引入, 如人工神经网络、专家系统、遗传算法、粒子群算法等智能算法成为热点, 依靠计算机的快速运算及大容量存储能力来研究探讨快速、准确地求解水库优化调度模型的方法及算法, 提高了模型成效。

1.2.4　水库调度风险研究

水库调度风险研究是从水库大坝的安全风险和洪灾风险研究开始的。国外在 20 世纪 70 年代初期, 就开始了大坝安全风险分析的研究工作, 美国、加拿大、澳大利亚等国家在大坝的安全评估和决策方面开展了许多研究工作, 提出了一系列大坝风险评估的理论和方法, 荷兰等国家在防洪风险评估和大坝设计标准方面也取得了丰富的研究成果, 受到各国重视。20 世纪 90 年代, 我国学者也将风险分析理论引入大坝的安全和洪灾区的风险分析中来，内容多涉及大坝的安全标准、水库防洪调度洪水风险图的制作、水库泄洪风险等，而涉及水库调度兴利方面的风险研究成果较少。进入 21 世纪，关于发电、供水等水利部门的风险分析研究成果才逐渐丰富起来。而对于水库调度涉及的防洪、发电、供水、航运、生态等风险，却很少有以提出指标体系的方式来进行风险评估的研究，而且一般都是考虑某一个或几个风险因子对防洪、发电或生态等影响的单独研究，而对于水库调度而言，一般具有综合利用功能，是一个复杂的多目标协调问题，仅片面地考虑某一类风险因子或风险显然是欠妥当的。纵观风险评估方法的研究过程，从 20 世纪 50 年代左右风险概念提出，到现在风险评估方法主要有直接积分法、蒙特卡罗方法 (Monte Carlo method, MCM)、均值一次两阶矩方法 (mean-value first-order second-moment, MFOSM)、改进一次两阶矩方法 (advanced first-order second-moment, AFOSM) 和 JC (joint commission) 法等。目前，国内外有关风险评估方法的发展相对较为缓慢，虽然现有风险评估 (或计算) 方法已有多种，但对于水库调度风险分析这一复杂系统来说仍然存在不足。水库调度风险在未来研究中必然会涉及各类型和各方面的风险评估，考虑的因素之间具有复杂的内在与外在的联系，这一复杂的大系统的风险评估必然需要新技术、新方法予以支撑。

第2章 气候变化对山区冰雪雨混合径流及洪水的影响

2.1 引 言

　　叶尔羌河流域是新疆典型的冰雪补给型河流,叶尔羌河水源一是来自乔戈里峰的冰雪融水;二是河床西岸岩层中涌出的泉水;三是雨水。叶尔羌河以其良好的水质,成为喀什地区工农业及居民生活用水的主要来源。根据中国科学院寒区旱区环境与工程研究所最新研究成果,叶尔羌河径流组成是:冰川融水占径流量的 64.0%,地下水占 22.6%,雨、雪水混合补给占 13.4%,其年内径流量多集中在夏季,卡群水文站夏季(6~8月)径流量占年径流量的 68.5%。由此可以看出,冰川融水是叶尔羌河径流量的主要补给来源。全球气温的升高导致冰川融雪加剧,使山区径流发生改变,因此研究叶尔羌河流域出山口径流的变化非常重要。本章通过构建内陆河冰雪径流模型,利用历史径流数据对模型进行率定、验证,从而对山区径流进行预测。

　　随着全球气候的变化,气温将不断地升高。据清华大学著名气候学家赵宗慈研究预测中国西北地区到 2020 年气温将升高 1.85 ℃,到 2050年升高 2.55 ℃,到 2080 年将升高 4.47 ℃左右。气温的升高必然导致冰川融水加剧,融水量加大,使得雪崩、冰川、泥石流和冰湖洪水等冰雪灾害发生频率也呈上升趋势。近年来,新疆洪灾发生的频次有如下特点:① 20 世纪 90 年代洪灾发生的频次高于 80 年代,并有逐年增加的趋势;② 暴雨洪水是 90 年代成灾的主要因素,年均发生的频次为 14.4 次,冰川、泥石流、滑坡阻塞洪水成灾的频次有明显的增加，冰川和泥石流阻塞洪水分别由 80 年代的年平均 0.5 次、0.7 次提高到了 1.0 次、0.9 次，这是因为气温升高，冰川融水增多使冰湖突发洪水的概率增大。

发源于喀喇昆仑山叶尔羌河源的突发性洪水是上游分布在喀喇昆仑山北坡一系列与克勒青河河谷呈正交的冰川融化导致的。由于有四五条冰川下伸到主河谷阻塞冰川融水的下排，包括克亚吉尔冰川、特拉本坎力冰川、迦雪布鲁姆冰川等，经常形成冰川阻塞湖，当冰坝浮起或冰下排水道打开，就会发生冰湖溃决洪水。在经历了 1986 年的冰湖溃决洪水后，由于冰川排水道打开，直到 1996 年再没有发生溃决洪水。当时施雅风和张祥松 (1995) 根据喀喇昆仑山冰川进退变化，认为 20 世纪克勒青河上游的克亚吉尔冰川和特拉本坎力冰川 10 年时间尺度的冰川前进脉动已经过去，目前处于相对稳定和退缩、变薄的阶段，预计在 21 世纪初气温持续升高的情况下，多数冰川必将后退变薄，冰川阻塞湖溃决 (突发) 洪水的规模也相应减小，出现数千秒立方米流量的溃决 (突发) 洪水的可能性很小，叶尔羌河流域冰川洪水的危害将日益减轻。但在 20 世纪 90 年代的剧烈增温过程中，冰温升高，冰川消融加剧，冰川融水量增加，冰川流速加快，冰川再次阻塞河道形成冰湖，发生了频繁的大冰湖溃决洪水，历史记载 1970~2002 年历史冰湖溃决发生的洪水 (沈永平等，2004)，显示冰湖溃决洪水的洪峰流量和洪水总量越来越大，冰湖的规模相应扩大，溃决的危险程度也不断增加。随着全球气温的持续变暖，叶尔羌河的冰川湖溃决洪水的频率和幅度将会继续增加，对下游人们的生命财产安全和社会经济发展带来严重威胁。

冰川湖溃决洪水变化对全球变暖的响应机理主要是：① 冰床变软，变形加大，冰底部滑动量大，加快冰川流动和融化；② 冰川流速加大，阻塞河谷，冰川湖形成；③ 冰温升高，冰川软化，冰湖水更易打开排水通道；④ 气温升高，冰川消融加剧，径流量增大，洪水发生频率加快；

⑤ 冰川后退，冰川湖库容增大，冰川湖面积扩大；⑥ 洪峰增大，洪量增大。

2.2　冰雪雨混合产流模型研究

2.2.1　技术方案

冰、雪、雨是自然界水存在的三种基本形态，它们微观物理结构的不同造成了其产流机制的差异。传统的水文模型在对融冰融雪径流模拟或预报的过程中无法考虑冰雪雨不同的产流机制，而是以一种黑箱模型的形式来再现融冰融雪径流过程，只注重输入和输出结果是否与实际相符合，对中间过程不加以考虑，往往会出现融冰融雪径流中间过程与实际不符或出现极大反差的情况，不能真正地反映冰雪雨混合产流的实际物理过程，且模型参数的确定受人为主观因素限制大。

融冰融雪量难以通过直接观测获取，目前对融雪计算的主要方法是能量平衡法、度日模型法、经验公式法以及近年来人们借助卫星遥感技术对融雪进行的一些研究；而对冰川消融的研究，主要应用能量平衡法、统计模型和通过一定的实际监测数据对某一固定地区的冰川消融量的部分研究。冰川与积雪消融过程取决于冰川表面或雪盖的能量收支状况，因此基于能量平衡方程的融冰融雪模型具有一定的物理机制。但是，其涉及的模型参数较多，计算过程复杂，且受观测数据的影响大，所以适用性较差。相比而言，度日模型法计算简单，以气温作为模型主要输入变量，相对于其他观测要素更容易获取，已被广泛应用于冰川物质平衡、冰川对气候敏感性适应、冰雪融水径流模拟及冰川动力模型等研究中，在阿尔卑斯山、北欧、格陵兰冰盖等地区融雪径流研究中已取得重要的实践成果。随着国内外学者更加深入的研究，一些复杂的度日因子甚至是太阳辐射、风速、冰表反射率、植被覆盖等具有物理意义的气象要素被引入,使得融冰融雪径流模拟精度进一步提高。同时,近年来遥感 (RS) 与地理信息系统 (GIS) 技术的快速发展及其在水文中的推广应用,为研究资料不足地区的水文规律研究和具有物理机制的融雪径流模型的建立提供了可靠的技术支持,国外学者基于 GIS 的空间分析计算能力提出了空间分布式度日模型的概念,探讨了融雪速率在不同海拔以及不同坡度、坡向等的空间差异。

考虑到研究区特殊的地理位置和气象条件,为使融雪径流预报模型具有物理基础,提高径流预报的精度,本章构建依托于 GIS 的空间分析计算能力,以分布式水文模型为基础,添加基于改进度日因子的融雪模块和冰川消融模块的分布式冰雪雨混合产汇流模型,其基本技术流程如图 2.1 所示。

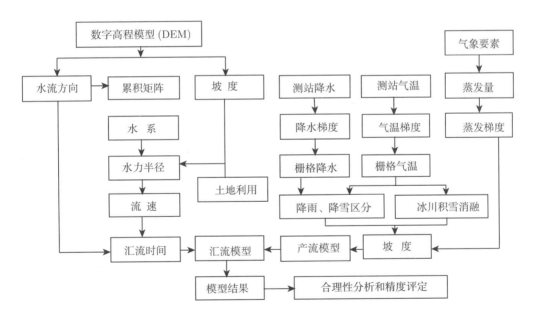

图 2.1　冰雪雨混合产流模型技术流程

2.2.2　方法介绍

1. 蒸发能力计算

考虑到研究区特殊的地理位置和不同资料获取的难易程度, 选取彭曼–蒙特斯方法和 Hargreaves-Samani 方法对气象数据缺失条件下的蒸发能力进行计算。

1) 彭曼–蒙特斯公式

由于联合国粮农组织 (FAO) 和国际灌排委员会 (ICID) 等组织的有效工作, 修正后的彭曼–蒙特斯公式在全球得到推广。1992 年 FAO 专家咨询会议推荐的彭曼–蒙特斯计算公式为

$$ET_0 = \frac{0.408\Delta(R_\mathrm{n} - G) + r\dfrac{900}{T + 273}u_2(e_\mathrm{a} - e_\mathrm{d})}{\Delta + r(1 + 0.34u_2)} \tag{2.1}$$

式中, ET_0 为参考作物蒸发蒸腾量 (mm/d); Δ 为平均气温时饱和水气压与空气温度关系曲线的斜率 (kPa/℃); R_n 为净辐射量, 气象站实测值; G 为土壤热通量 (MJ/(m^2·d)); u_2 为 2m 高度处的风速, 由气象站 10m 处的实测值计算得到; e_a 为空气实际水气压 (kPa); e_d 为空气饱和水气压 (kPa)。

2) Hargreaves-Samani 公式

彭曼–蒙特斯公式需要较多的气象资料, 在气象资料缺乏地区使用受限制, FAO 又推荐了 Hargreaves-Samani 公式 (H 公式)。H 公式只涉及温度和大气顶太阳辐射 (R_a), 而 R_a 可以应用日序数和地理纬度预先计算, 因此在辐射资料短缺的情况下, H 公式是一种有效的估算方法。考虑到高寒地区特殊的地理环境与气象条件, 采用 H 公式进行蒸发计算:

$$ET_0 = 0.000\,939c(T_\mathrm{max} - T_\mathrm{min})^e(\overline{T}_\mathrm{av} + d)R_\mathrm{max} + f \tag{2.2}$$

式中, ET_0 为蒸发能力 (mm/d); R_max 为太阳最大可能辐射量 (MJ/m^2);

T_max、T_min 和 $\overline{T}_\text{av}$ 为某天的最高、最低和平均温度 (℃)；c、d、e 和 f 为待求参数，可通过优化算法求得。

2. 融雪模型

气温日数法因其参数获取方便且积雪消融量估算较准确而被大多数融雪计算模型采用，此处的融雪模块也采用该方法来计算积雪消融量。气温日数法又称度日模型法，是指 1d 的平均温度增加 1 ℃时需要的能量，是基于冰雪消融与气温之间的线性关系假设而建立的。度日模型法计算融雪量的公式为

$$ME = RA(T - TB) \tag{2.3}$$

式中，ME 为融雪量 (mm/d)；RA 为气温日融雪率 (mm/(℃·d))；T 为气温 (℃)；TB 为基础温度 (℃)。考虑到除气温变化引起积雪消融外，降雨过程也将引起部分积雪的消融，因此在上述度日模型法计算公式中加入降雨引起的积雪消融量：

$$ME = C_\text{snow}(T - TB) + C_\text{rain}P(T - TB) \tag{2.4}$$

式中，C_snow 为气温日融雪率 (mm/(℃·d))；C_rain 为由降雨引起的热量分布度日因子 (mm/(℃·d))；P 为降雨量 (mm/d)。气温日融雪率 (即融雪因子) 是融雪模型中较敏感的参数，它不仅反映了气温与融雪之间的关系，还反映了多年平均情况下辐射对融雪的影响效应。辐射随着太阳高度角而变化，因此，季节、纬度、山地坡向等都是影响融雪因子大小的重要因素。融雪因子获取方法：一是使用雪枕、雪槽进行野外观测得到；二是利用统计公式推算得到，其推算公式为

$$RA = 1.1\frac{\rho_\text{x}}{\rho_\text{w}} \tag{2.5}$$

式中, ρ_{x} 为积雪密度 $(\mathrm{g/cm^3})$; ρ_{w} 为水密度 $(\mathrm{g/cm^3})$。考虑到积雪消融期积雪面积的变化, 有效融雪量可表示为

$$MT = K_{\mathrm{v}} \cdot ME \tag{2.6}$$

式中, K_{v} 为积雪覆盖率。

3. 冰川消融模型

考虑到冰川存在区域主要降水形式为降雪, 降雨量小, 降雨带来的热量对冰川的消融量影响不大, 冰川消融量大小主要受太阳辐射和大气热传导这两个因素的影响, 因此采用如下改进的度日法公式进行冰川消融量的计算:

$$
\begin{aligned}
MI =& C_{\mathrm{ice}}(T - TB) + \alpha R \\
R =& 30 \left\{ 1 + 0.335 \sin\left[\frac{2\pi}{365}(t_i + 88.2)\right] \left[XT \sin\left(\frac{2\pi}{365} LAT\right) \sin(SD) \right. \right. \\
& \left. \left. + \cos\left(\frac{2\pi}{365} LAT\right) \right] \sin(SD) \sin(XT) \right\} \\
XT =& \arccos\left[-\tan\left(\frac{2\pi}{365} LAT\right) \tan(SD) \right], \quad 0 \leqslant XT \leqslant \pi \\
SD =& 0.4102 \sin\left[\frac{2\pi}{365}(t_i - 80.25)\right]
\end{aligned}
\tag{2.7}
$$

式中, MI 为冰川消融量 $(\mathrm{mm/d})$; C_{ice} 为冰川的度日因子 $(\mathrm{mm/(℃\cdot d)})$; T 为气温 $(℃)$; TB 为基础温度; α 为修正系数; R 为太阳最大可能辐射量 $(\mathrm{MJ/(m^2\cdot d)})$; LAT 为计算点的纬度 $(°)$; XT 为日落时角度 (弧度); SD 为太阳的磁偏角 (弧度); t_i 为公历的第 i 天。

4. 产汇流计算

以冰川消融量、积雪消融量、降雨和蒸散发能力作为模型输入, 可采用传统的分布式水文模型 (如新安江模型、混合产流模型、SWAT、

TOPMODEL 等) 对每个网格进行产汇流计算, 此处将采用三水源新安江模型。新安江模型是由河海大学赵人俊教授等提出的, 并在近代山坡水文学的基础上改进成为现在广泛应用的三水源新安江模型。分布式三水源新安江模型根据 DEM 划分的子流域及各个子流域的计算单元, 每个单元的产汇流过程分为以下四个步骤进行计算:

(1) 蒸散发计算。采用三层蒸散发模型计算蒸散发量。参数有流域平均张力水容量 WM, 上层张力水容量 UM, 下层张力水容量 LM, 深层张力水容量 DM, 蒸发折算系数 KC, 深层蒸散发扩散系数 C。

(2) 产流计算。采用蓄满产流理论, 即包气带土壤含水量达到田间持水量之前不产流, 降水与融冰融雪全部被土壤吸收补充包气带缺水量, 等到包气带蓄满后, 所有降水、融冰和融雪都产流。考虑到包气带蓄水容量在流域上空间分布的不均匀性, 模型中采用蓄水容量曲线。主要参数有流域包气带平均张力水蓄水容量 WM, 流域不透水面积所占的比例 IM, 蓄水容量-面积分配曲线的指数。

(3) 分水源计算。模型将总径流量划分为三水源, 即地面径流 (RS)、壤中流 (RSS) 和地下径流 (RG)。模型中引入自由水蓄水容量曲线表示自由水蓄水容量在产流面积上分布的不均匀性。主要参数有自由水蓄水容量曲线方次 EX, 自由水蓄水容量 SM, 壤中流出流系数 KI, 地下水出流系数 KG。

(4) 汇流计算。流域汇流包括坡面汇流 (地下、壤中和地表汇流)、河网汇流和河道汇流, 最终在流域出口形成出口径流。主要模型参数有壤中流消退系数 (CI), 地下水消退系数 (CG), 河网蓄水消退系数 (CS), 滞时 (L) 和马斯京根法演算参数 (KE、XE)。

2.3　实　例　验　证

2.3.1　流域概况

1. 自然概况

1) 地理位置

叶尔羌河流域位于新疆维吾尔自治区的西南部,塔里木盆地的西南边缘。发源于喀喇昆仑山北脉喀喇昆仑山冰川,流域地处欧亚大陆腹地,东隔塔克拉玛干大沙漠与和田地区相邻;西靠帕米尔高原的沙里阔勒岭与塔吉克斯坦、阿富汗两国接壤,再接克孜勒苏柯尔克孜自治州的阿克陶县,喀什地区的英吉沙、疏勒、岳普湖、伽师等县;南靠喀喇昆仑山与巴基斯坦及印度与巴基斯坦争议的克什米尔地区为邻;北接天山余脉,与阿克苏地区的柯坪县、阿瓦提县毗连。流域范围介于东经 74°28′~80°54′,北纬 34°50′ ~ 40°31′,依据《新疆叶尔羌河流域地表水资源评价》,叶尔羌河流域的总面积为 8.58 万 km²,其中我国境内为 8.44 万 km²,境外面积为 0.14 万 km²。山区面积占 66.9%,为 5.74 万 km²;平原区面积占 33.1%,为 2.84 万 km²。叶尔羌河流域概况如图 2.2 所示。

2) 水文气象

叶尔羌河流域地处欧亚大陆腹地,因远离海洋,周围又有高山阻隔,加上沙漠的影响,流域内呈典型的干旱大陆性气候,其主要特点是:气温年内变化较大,日变化较大,空气干燥,日照长,蒸发强烈,降水量小。流域内各种灾害天气也频繁出现,常有春旱、夏洪、大风、风沙、霜冻、低温、雨害、干热风、暴雨、冰雹等灾害。

叶尔羌河的组成除包括有少部分泉水和低山区季节性积雪、降雨补给外,冰川消融是其主要补给源,它对径流的年际、年内变化起着调节作用。叶尔羌河流域降水量在冰川雪线以上可达 600mm 以上,经中、低山

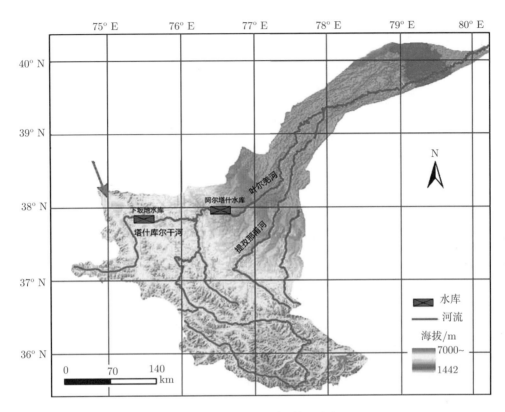

图 2.2 叶尔羌河流域概况图

区到河流出山口的卡群站仅为 66mm，降水的垂直地带分布使河川径流沿程有相应变化，按其产流特征可分为高山区、中低山区和平原区。叶尔羌河由于其独特的补给特性造成其径流年内变化十分剧烈，叶尔羌河流域各计算断面 6~8 月 3 个月径流占全年水量的 60% 以上，河流年内分配极为不均。叶尔羌河干流上的卡群水文站作为叶尔羌河的出山口地表水总水量控制断面，多年平均年径流量为 65.26 亿 m³。

2. 社会经济概况

叶尔羌河流域从上游至下游包括叶城县、塔什库尔干县、阿克陶县(塔尔塔吉克民族乡、库斯拉甫乡)、莎车县、泽普县、麦盖提县、岳普湖

县 (巴依阿瓦提乡、阿洪鲁库木乡)、巴楚县,新疆生产建设兵团图木舒克市前进水库垦区和小海子水库垦区的 12 个团场,阿克苏地区的阿瓦提县、阿拉尔市三团等单位。

叶尔羌河流域灌区 2008 年总人口为 199.4 万 (其中农三师 15.8 万),约占全疆总人口的 10%,由维吾尔族、汉族、回族、塔吉克族、乌孜别克族、哈萨克族等 12 个民族组成,其中维吾尔族占总人口的 85.8%,是一个以维吾尔族为主体的少数民族聚居地区。2005 年,灌区国内生产总值 59 亿元,为全区的 45%;农民人均收入不足 1000 元,低于全疆农民人均收入 1700 元的水平。

3. 水资源开发利用现状

叶尔羌河干流上的卡群水文站作为叶尔羌河的出山口地表水总水量控制断面,多年平均年径流量为 65.26 亿 m³,库鲁克栏干水文站多年平均年径流量为 50.78 亿 m³。目前叶尔羌河流域灌区水资源开发程度较高,大部分引水灌区,引水比达 80.8%,但配置方向较为单一,主要用于农业生产,工业基础薄弱,商品化程度仍较低,山区、平原水能利用处于较低水平。目前灌区综合灌溉水利用系数为 0.41,综合渠系水利用系数为 0.46,因此又反映出灌区水资源利用率相对较低。平原水库在调蓄径流、缓解春旱、保证灌区农业生产方面起了巨大的作用,但因蒸发渗漏损失量大而造成了水资源的浪费。根据已有实测资料,平原水库的水量损失约为入库水量的 35%,从河道取水口至水库的输水损失按引水量的 10% 估计,现状灌区内平原水库水量损失为 7.2 亿 m³,折算到取水口的水量约为 8 亿 m³。以 2005 年《叶尔羌河流域规划环境影响评价报告》统计数字为基准进行水库损失水量分析,全流域平原水库损失率为 37.94%,考虑目前部分水库已经或正在进行除险加固,综合考虑平原水库损失率为 35%。

2.3.2 山区来水变化特征

叶尔羌河流域是典型的冰雪补给型河流，叶尔羌河水源：一是来自乔戈里峰的冰雪融水；二是河床西岸岩层中涌出的泉水；三是雨水。冰川融水占径流量的 64.0%，地下水占 22.6%，雨、雪水混合补给占 13.4%，其年内径流量多集中在夏季，卡群站夏季 (6~8 月) 径流量占年径流量的 68.5%。

1) 径流量年际变化

利用卡群站 1954~2000 年的年平均地表径流量资料，代表叶尔羌河的出山口径流量；从图 2.3 中可以看出，卡群站的年径流量呈增加的趋势，线性趋势倾向率为 $1.245 \times 10^8 \mathrm{m}^3$ /10a。年最大径流量出现在 1994 年，为 $95.93 \times 10^8 \mathrm{m}^3$，年最小径流量出现在 1965 年，为 $44.68 \times 10^8 \mathrm{m}^3$，其比值为 2.15。

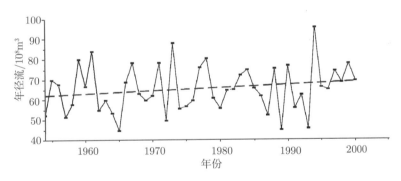

图 2.3 卡群站年际径流变化

2) 径流量的年代际变化

从图 2.4 中可以看出，叶尔羌河流域出山口径流量，20 世纪 90 年代较 1954~1960 年偏多 $4.36 \times 10^8 \mathrm{m}^3$；较 60 年代偏多 $5.24 \times 10^8 \mathrm{m}^3$，增幅最大，为 8.34%；较 70 年代偏多 $2.02 \times 10^8 \mathrm{m}^3$，增幅最小，仅为 3.06%；较 80 年代偏多 $2.77 \times 10^8 \mathrm{m}^3$；与 30 年平均值比较，1954~1960 年，20 世纪 60

年代、70 年代、80 年代均低于平均值,属于枯水年代;90 年代高于平均值。这说明流域进入 90 年代后,进入了丰水期。在 1994~2003 年,叶尔羌河属偏丰年。

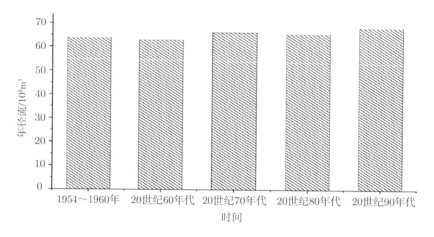

图 2.4　卡群站年代际径流变化

3) 径流的季节变化

在叶尔羌河卡群站 1954~2000 年实测径流数据基础上,统计出各个季节 (春、夏、秋、冬) 径流量,结果如图 2.5 所示。从图中可以看出,叶尔羌河来水量在时空分布上极不均匀,夏季 (6~8 月) 来水量最多,占全年来水的 68%,而冬季和春季来水很少,占全年来水的 10% 左右,因此,需要山区–平原水库的联合调度来对下游灌区进行冬灌和春灌。

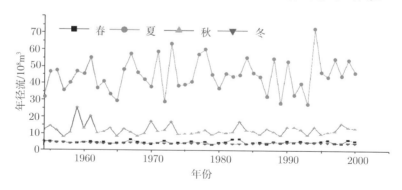

图 2.5　卡群站径流季节变化

2.3.3 山区来水模拟及预估

对叶尔羌河流域的冰雪雨混合洪水过程进行模拟,以 1973~1987 年为模型率定期,模拟期的评价指标 Nash-Stucliffe 效率系数 (NSE) 达到 0.71;以 1988~2001 年对模型进行验证,验证期的 Nash-Stucliffe 效率系数 (NSE) 达到 0.65,其模拟结果如图 2.6 所示。

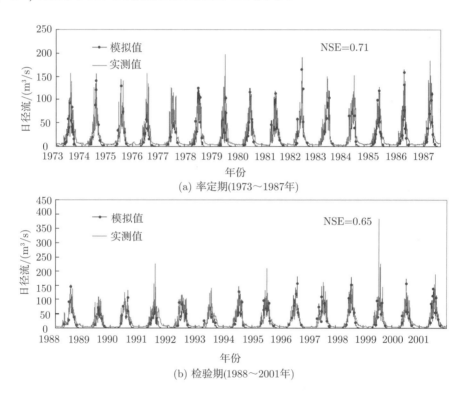

图 2.6 叶尔羌河流域的冰雪雨混合洪水过程模拟示意图

从图 2.6 可以看出,模型可以较好地模拟日径流,通过模型对叶尔羌河流域山区月平均来水进行预测,预测时间为 2021~2050 年,为能较为清楚地显示结果,在此只显示 2021~2025 年的月平均径流结果,如图 2.7 所示。

图 2.7 表明,叶尔羌河流域山区来水的径流呈增加的趋势,这是由

于气温的升高, 冰川融雪加剧, 融水量加大, 山区来水的径流增加。同时可以看出, 山区来水主要集中在汛期 (大约为 7~10 月份), 在汛期由于气温升高, 山区融水量增大, 山区来水量也增大; 而在枯水期, 由于气温较低, 冰川融水较小, 山区来水量也较小。

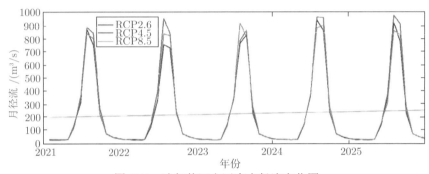

图 2.7　叶尔羌河山区来水径流变化图

RCP2.6, RCP4.5, RCP8.5 为 IPCC 第五次评估报告中推荐的典型浓度路径情景 (representative concentration pathways, RCPs)

2.3.4　突发洪水对气候变化的响应

温度是表征热量的重要指标。当前, 在叶尔羌河源的冰坝上, 还不能用观测资料来阐明温度在冰面和冰内的物理变化, 但可以通过不同的方式和方法, 借助不同地区、不同海拔的关系, 来对应河源地区发生洪水前的温度, 找出其温度强度变化、持续时间和洪水暴发的关系, 如图 2.8 所示 (孙桂丽等, 2010)。

图 2.8 表明, 叶尔羌河帕米尔高原源流区 1961~2007 年气温大致经历了 2 个冷暖交替, 但整体呈上升趋势, 且在 20 世纪 90 年代以后增温幅度较大; 低山丘陵区气温整体呈上升趋势, 20 世纪 90 年代以后呈正距平。

中国科学院新疆生态地理研究所孙桂丽等 (2010) 研究发现, 在流域气温的波动上升背景下, 叶尔羌河突发性洪水频率显著增加, 且与气温变化趋势一致, 叶尔羌河突发性洪水频率见图 2.9。

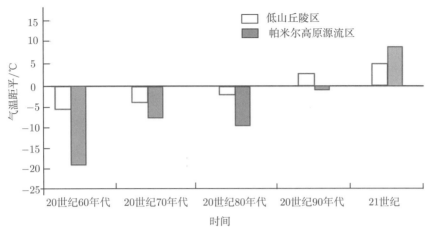

图 2.8 叶尔羌河帕米尔高原源流区气温距平图

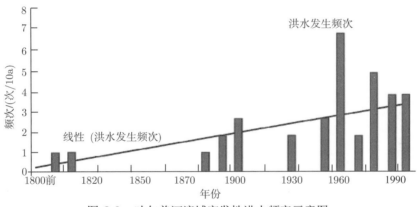

图 2.9 叶尔羌河流域突发性洪水频率示意图

从图 2.9 可以看出，叶尔羌河突发性洪水自 1800 年以来发生频率呈显著上升趋势，由 19 世纪 80 年代的 1 次/10a 增加到20世纪60年代的 7 次/10a，到 2000~2006 年的 4 次/10a；冰川湖突发洪水发生间隔的年数也越来越短：由60年一遇到30年一遇、10年一遇，再到现在的几年一遇。

2.4 本章小结

叶尔羌河是典型的冰雪补给型河流，冰雪补给量超过总径流的70%，因此，气候变化对该流域的暴雨洪水致灾、水资源配给、农作物灌排、水库群联合调度等方面有着尤为重要的影响效应。研究表明，20 世纪以来叶尔羌河流域径流、气温呈缓慢递增趋势，而突发性洪水发生频率和幅度却显著增加，给下游人们的生命财产安全和社会经济发展带来严重威胁。为了更好地模拟及预报叶尔羌河流域冰雪雨混合洪水过程，本章依托于 GIS 平台的空间分析能力，将基于改进度日法的冰川消融模块和积雪消融模块引入到传统的分布式产汇流算法中，构建了分布式冰雪雨混合产汇流模型。山区来水的模拟结果表明，该模型在率定期和验证期的径流拟合精度都较高，说明它对叶尔羌河流域具有较好的日尺度冰雪雨混合洪水过程模拟能力；运用该模型对叶尔羌河流域未来的径流模拟结果表明，山区汛期来水仍然呈缓慢增加趋势。

第3章 气候变化对水库水面蒸发的影响

3.1 引 言

水面蒸发是干旱区水循环过程中的重要环节，也是区域水循环中最直接受地理环境、下垫面和气候变化影响的一项。水库大坝作为水循环体系中重要的涉水介质，其在气候变化下的运行状态近年来备受关注。其中，气候变化对流域水库水面蒸发的影响研究显得尤为重要。库区蒸发情况的变化不仅影响水库蓄水量，同时也会影响水库调度方案的优化，进而改变水库及所在水库群的风险情况。

本章运用基于人工神经网络 (artifical neural network, ANN) 的统计降尺度方法，结合相关资料，对叶尔羌河流域未来气候变化背景下的蒸发情况进行预测，分析了所选取的五个水库在不同气候情景下的蒸发渗漏损失率变化情况。

3.2 水面蒸发模型研究

3.2.1 技术方案

目前气候模式是进行气候变化模拟预估的最主要工具。但是由于计算条件的限制，相对于流域尺度，全球气候模式 (GCM) 分辨率一般较粗，缺少足够区域尺度下的气候过程、地形情况及海陆分布情况等因素，所以将其直接应用到流域尺度是非常困难的。因此，需要寻求一种尺度降解技术来建立大尺度的 GCM 与模型耦合机制，这是研究气候变化对流域水文水资源影响迫切需要解决的问题。目前尺度降解技术主要包括统计降尺度法和动力降尺度法两种，其中统计降尺度法以其计算量小、易操作等特点被广泛应用到气候变化研究中。

人工神经网络以其大规模并行处理、自适应性、容错性等优点吸引了众多领域科学家的关注，被广泛地应用于生物、电子、计算机、数学和物理等领域。其作为非线性转换函数已应用到统计降尺度研究中，如 Mpelasoka 等 (2001) 成功地用 ANN 模拟了新西兰的月平均气温和降水；Coulibaly 等 (2000) 利用考虑前期影响的 ANN 降尺度法，研究气候变化对加拿大 Serpent River 流域降水和气温的影响；Tolika 等 (2007) 应用 ANN 降尺度法模拟希腊未来季节降水及降水天数变化情况。本章尝试在利用主成分分析对大尺度预报因子进行降维压缩的基础上，将基于 ANN 的降尺度法应用到叶尔羌河流域，从而预测叶尔羌河流域的蒸发变化。

3.2.2　方法介绍

1. 统计降尺度的基本原理

将 GCM 输出的信息降解到区域尺度的方法称为降尺度法。目前的降尺度法主要包括统计降尺度法和动力降尺度法两种。动力降尺度法是将全球气候模式和区域气候模式嵌套得到区域尺度气候信息的方法；统计降尺度法则是根据多年观测的气候资料建立大尺度气候因子 (选用 NCEP 再分析数据中的大气环流因子) 和区域气候要素 (区域内站点观测的气温、降水等) 之间的统计关系，并用独立的观测资料进行检验，最后应用这种关系将 GCM 输出的大尺度信息转化为区域气候变化情景。与动力降尺度法相比，统计降尺度法具有计算量小，节省机时，可以很快地模拟出百年尺度的区域气候信息，同时易应用于不同的 GCMs 模式，能够将大尺度气候信息降解到站点尺度上等特点。

尽管统计降尺度法有很多，但是大部分方法建立的流程一致，主要步骤可以分为以下几步：① 大尺度气候预报因子和统计降尺度法的选择；② 对预报因子标准化处理和主成分分析；③ 应用预报因子的主分量，作为统计降尺度的输入，并利用实测资料对所建立的统计降尺度关系进行率定和检验；④ 把主成分方向和统计降尺度法应用于 GCM 模式结果，产生未来气候变化情景；⑤ 对未来气候变化情景进行诊断、分析研究 (图 3.1)。

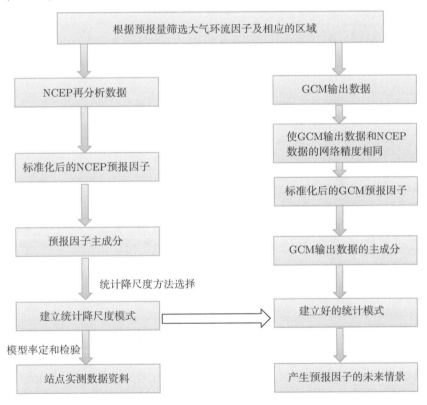

图 3.1　统计降尺度基本原理示意图

2. ANN 方法介绍

1) ANN 数学模型

ANN 以生物大脑的结构和功能为基础，用简单的数学方法完成复杂的智能分析，能够有效地处理问题的非线性、模糊性和不确定性的关系。

在众多网络模型中, 多输入单输出的 3 层模型应用较为广泛, 其表达式如下:

$$y(t) = f\left\{\sum_{j=1}^{m} w_j f\left[\sum_{i=1}^{n} v_{ij} x_i(t) + \theta_j\right] + \theta_0\right\} \tag{3.1}$$

式中, $y(t)$ 为模型输出 t 时刻的降雨; $x_i(t)$ 为模型输入 t 时刻第 i 个大气环流因子值; v_{ij} 为连接输入层和隐层的权系数; w_j 为连接隐层和输出层的权系数; n 为输入层维数 (即大气环流因子的个数); m 为隐层的维数; θ_j 为隐层阈值; θ_0 为输出层阈值; f 为转移函数, 本书取常用的 Sigmoid 函数:

$$f(x) = \frac{1}{1 + \mathrm{e}^{-tx}} \tag{3.2}$$

式中, 系数 t 决定了函数的压缩程度, t 越大曲线越陡, 反之越缓。

2) BP 算法

误差反向传播学习算法 (back propagation, BP) 主要是通过计算误差, 由输出层向输入层方向修改网络参数的过程, 学习目标是使网络误差 E 符合要求。权重 w 的修正方式如下:

$$w(t+1) = w(t) - \eta\frac{\partial E}{\partial w} \tag{3.3}$$

式中, η 是 0~1 内的数, 反映网络学习效率。

因为 Sigmoid 函数的上、下限为 0 和 1, 所以在应用 BP 算法前首先要将输入输出按比例缩小到 0~1。同时由于 Sigmoid 型函数的特点, 输入值的范围对网络最终的精度也会产生很大的影响, 许多学者对此进行了研究, 本书采用 Salas 等提出的规范化方法, 如下所示:

$$X = \frac{(U_x - L_x)x + (M_x L_x - m_x U_x)}{M_x - m_x} \tag{3.4}$$

式中, X 是变换后的目标数据; x 是原始数据系列; U_x 和 L_x 分别是网络输入值的最高值与最低值; M_x 和 m_x 分别是原始数据系列中的最大值与最小值。

同理，网络运行后，数据还原公式为

$$Y = \frac{(U_y - L_y)y + (M_y L_y - m_y U_y)}{M_y - m_y} \tag{3.5}$$

式中，Y 是还原后的网络输出数据；y 是网络直接输出数据；U_y 和 L_y 分别是网络输出值的最高与最低值；M_y 和 m_y 分别是原始输出数值的最大与最小值；Salas 等推荐在 Sigmoid 型函数情况下选择 $L_x \sim U_x$ 和 $L_y \sim U_y$ 为 0.05~0.95 或 0.10~0.90 较好。本书选择 0.10~0.90 作为 ANN 的输入输出范围。

3.2.3 大尺度气候因子选择

降尺度预报因子的选择在降尺度法中是至关重要的一步，因为预报因子的选择很大程度上决定了预报未来气候情景的特征。预报因子的选择一般遵循以下 4 个标准：① 所选预报因子要与所预报的预报量有很强的相关性；② 所选择的预报因子必须能够代表大尺度气候场的重要物理过程和气候变革；③ 所选择的预报因子必须能够被 GCM 较准确地模拟；④ 所选择的预报因子之间应该是弱相关或是无关的。蒸散发是水循环的重要组成部分，是区域水循环过程的重要环节。其中，水面蒸发又是区域蒸散发的主要形式。研究表明，水面蒸发是一个复杂的过程，其影响因素包括太阳辐射、温度、湿度、风速和气压等。新疆农业大学魏光辉等 (2014) 对塔里木河流域水面蒸发影响因子敏感性研究发现：水面蒸发主要敏感因素为温度与风速。在对蒸发的研究中，平均气温 (huss) 是最常用的大气环流因子，这是因为 huss 的记录很长，能被 GCM 较准确地模拟，而且它与地面气候变量之间的关系相对比较稳定；湿度也是非常有用的因子，湿度对水循环影响较大，在极大程度上影响蒸发；同时风速是影响蒸发最显著的因子，通过大气对流，改变空气湿度，进而影响水面蒸发。因此本书选择气温、相对湿度以及风速作为蒸发的降尺度预报因子。

3.3　实　例　验　证

本次实例依然以 2.3 节中叶尔羌河流域为例,其流域概况详见 2.3.1 节。

3.3.1　水库水面蒸发损失预估

1. 统计降尺度模型的建立

采用叶尔羌河流域三个国家气象站 1958~2001 年的水面蒸发实测数据,以及 NECP 大气环流因子、人工神经网络建立大尺度影响因子与三个气象站蒸发的统计关系,其中 1958~1991 年作为率定期,1991~2001 年作为检验期。图 3.2 为叶尔羌河流域示意图,表 3.1 为三个气象站的站点信息。

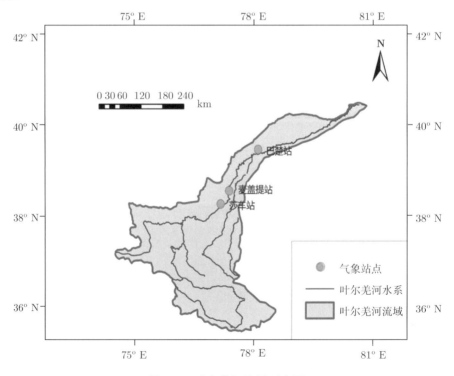

图 3.2　叶尔羌河流域示意图

为评价 ANN 统计降尺度方法模拟效果的优劣性，选择确定性系数 (R^2)、Nash-Stucliffe 效率系数 (NSE)、平均偏差 (bias) 三个评价指标对模拟结果进行评价，结果如表 3.2 所示。

表 3.1 站点信息

台站名称	区站号	纬度	经度	海拔/m
巴楚	51716	39°48′N	78°34′E	1116.5
莎车	51811	38°26′N	77°16′E	1231.2
麦盖提	51810	38°56′N	77°40′E	1200.0

表 3.2 站点验证期模拟效果

台站名称	确定性系数 (R^2)	效率系数 (NSE)	平均偏差 (bias)
巴楚	0.9650	0.9044	0.0019
莎车	0.9652	0.9087	0.0050
麦盖提	0.9710	0.9217	0.0054

表 3.2 表明，在月蒸发过程模拟中，三个站点的确定性系数都在 96% 以上，同时三个站点的效率系数都在 0.9 以上、系统偏差都小于 0.006，表明 ANN 降尺度法对月蒸发过程模拟效果比较理想。三个站点的验证期蒸发实测值与模拟值的比较如图 3.3 所示。

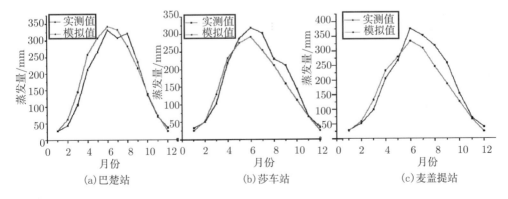

图 3.3 验证期叶尔羌河流域三个水文站点模拟结果

由图 3.3 可以看出，三个站点的模拟效果在 1~5 月以及 9~12 月均较好，而在 6~8 月模型的模拟结果偏小。虽然模型对峰值的模拟偏小，但就整体而言，建立的基于 ANN 的降尺度模型可以应用于叶尔羌河流域蒸发量的预估。

2. 叶尔羌河流域平原水库水面蒸发预估

选用全球气候模式 BCC-CSM1.1 预估叶尔羌河流域未来蒸发变化。在 IPCC 的 RCP2.6、RCP4.5、RCP8.5 情景下，选择同 NCEP 观测资料的主分量方向对 BCC-CSM1.1 的气候因子数据集进行降维压缩。为了数据空间分布的一致，通过空间插值将 BCC-CSM1.1 的网格空间的分辨率调整为 $0.5° \times 0.5°$，空间插值采用距离倒数平方法。

将经过主成分分析处理的 BCC-CSM1.1 数据输入已建立好的 ANN 降尺度模型，分别预估叶尔羌河流域三个气象站点 (麦盖提、莎车、巴楚) 未来的蒸发变化。计算结果如图 3.4 所示 (仅显示巴楚站在 RCP2.6、RCP4.5、RCP8.5 情景模拟结果)。

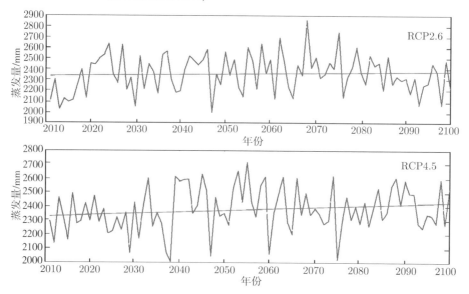

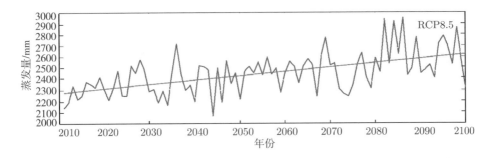

图 3.4 巴楚站年平均变化趋势图

从图 3.4 可以看出：① 巴楚站点在 RCP2.6、RCP4.5、RCP8.5 情景下，蒸发量总体呈增加态势，在 RCP2.6 情景下增加幅度较小，而在 RCP8.5 情景下增加幅度较大。② 在 RCP2.6、RCP4.5、RCP8.5 三个情景模式下，蒸发量的增加幅度依次呈增大趋势。

为便于比较未来蒸发量的变化，将未来气候分为三个时段：2001~2030 年、2031~2060 年、2061~2090 年，分别取三个气象站模拟出的月平均蒸发量，得到三十年蒸发量的平均值，从而可以清楚地看出在未来气候变化条件下，三十年阶段的蒸发变化趋势，如图 3.5 所示。

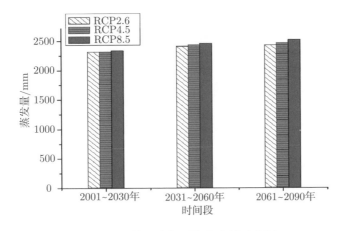

图 3.5 巴楚站多年平均蒸发量示意图

从图 3.5 可以看出：① 同一时间段在 RCP2.6、RCP4.5、RCP8.5 情景

下年平均蒸发量呈增加的态势。② 同时可以看出随着时间段 (2001~2030 年、2031~2060 年、2061~2090 年) 变化, 年平均蒸发量在逐渐地增加。

根据叶尔羌河流域 1956~2000 年水面蒸发等值线图 (《新疆叶尔羌河流域规划报告》(2005 年版)), 如图 3.6 所示, 以及未来气候变化条件下不同情景三个站点的蒸发量, 利用插值, 可得未来五个站点水库在不同情景下的蒸发量, 结果如表 3.3 所示。

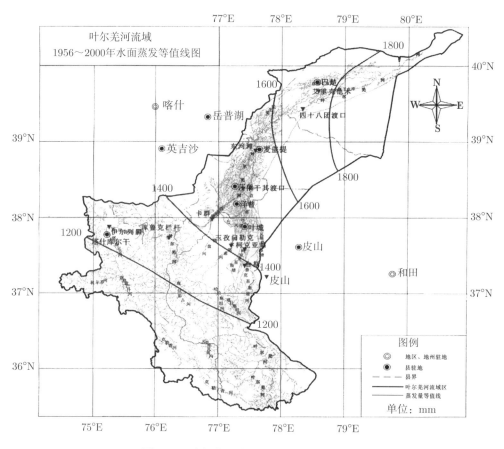

图 3.6　叶尔羌河流域水面蒸发等值线图

表 3.3　平原水库未来不同情景下多年平均蒸发量　　　（单位: mm）

站点	情景模式	时期		
		2001~2030 年	2031~2060 年	2061~2090 年
卡群	RCP2.6	1922.4	1940.0	1949.2
	RCP4.5	1937.2	1980.7	2025.9
	RCP8.5	1979.4	1982.9	2106.8
依干其	RCP2.6	2030.7	2049.3	2059.0
	RCP4.5	2046.3	2092.3	2140.1
	RCP8.5	2090.9	2094.6	2225.5
中游	RCP2.6	2044.2	2063.0	2072.7
	RCP4.5	2060.0	2106.2	2154.3
	RCP8.5	2104.9	2108.6	2240.3
民生	RCP2.6	2092.9	2141.7	2148.0
	RCP4.5	2103.8	2181.9	2295.0
	RCP8.5	2180.3	2209.2	2333.1
艾力克塔木	RCP2.6	2314.9	2409.2	2426.4
	RCP4.5	2316.5	2433.4	2466.2
	RCP8.5	2337.9	2460.3	2518.0

3.3.2　水库蒸发渗漏损失预估

按照多年运行管理资料统计，平原水库年蒸发渗漏损失水量约为 35%，其中蒸发占 32%，渗漏损失占 68%，年内蒸发渗漏损失分配如表 3.4 所示 (水利部新疆维吾尔自治区水利水电勘测设计研究院，2005)。

表 3.4　蒸发渗漏损失年内分配表

月份	1	2	3	4	5	6
损失率/%	2.5	5	5	10	10	10
月份	7	8	9	10	11	12
损失率/%	10	20	10	10	5	2.5

依据历史平均蒸发量、未来多年平均蒸发量、蒸发渗漏损失比以及

过去多年年内蒸发渗漏损失率，预估出未来年内蒸发渗漏损失率。

$$EL = \frac{PE}{HE} \times ELR \times AD + LER \times AD$$

式中，EL 为未来气候变化条件下蒸发渗漏损失率；PE 为预测的未来多年月平均蒸发量；HE 为历史时期月平均蒸发量；ELR 为蒸发所占比例；AD 为历史时期年蒸发渗漏损失量；LER 为渗漏所占比例。根据以上分析结果，可得出在不同情景下五个站点未来蒸发渗漏损失率，结果如表 3.5 所示。

表 3.5　平原水库不同气候情景下蒸发渗漏损失率

站点	情景模式	时期		
		2001~2030 年	2031~2060 年	2061~2090 年
卡群	RCP2.6	35.17%	35.64%	35.72%
	RCP4.5	35.18%	35.75%	35.92%
	RCP8.5	35.29%	35.89%	36.17%
依干其	RCP2.6	35.83%	35.94%	36.00%
	RCP4.5	35.92%	36.19%	36.48%
	RCP8.5	36.18%	36.21%	36.98%
中游	RCP2.6	35.83%	35.94%	36.00%
	RCP4.5	35.92%	36.19%	36.48%
	RCP8.5	36.18%	36.21%	36.98%
民生	RCP2.6	35.89%	36.18%	36.21%
	RCP4.5	35.96%	36.41%	37.06%
	RCP8.5	36.40%	36.57%	37.28%
艾力克塔木	RCP2.6	35.91%	36.27%	36.51%
	RCP4.5	36.06%	36.53%	37.16%
	RCP8.5	36.40%	36.67%	37.39%

3.4　本 章 小 结

为研究气候变化对水库水面蒸发影响，本章以叶尔羌河流域为研究区，选取气温、相对湿度以及风速作为气候因子，基于人工神经网络构建了研究区的统计降尺度模型。结合全球气候模式 BCC-CSM1.1，对研究区在 RCP2.6、RCP4.5、RCP8.5 三种情景下 2001~2030 年、2031~2060 年、2061~2090 年三个时期内的蒸发量进行预测，进而分析了气候变化背景下叶尔羌河流域水库水面蒸发变化情况。结果表明，研究区蒸发量总体呈增加态势，并且 RCP2.6、RCP4.5、RCP8.5 三个情景模式下蒸发量的增加幅度依次递增；三种情景模式下所选取水库的年平均蒸发量为 1922.4~2518.0mm，蒸发渗漏损失率为 35.17%~37.39%。

第4章 气候变化影响下内陆干旱区的旱情演变

4.1 引 言

干旱是近几十年来频繁发生的世界性重大自然灾害现象之一，它不仅威胁着人类赖以生存的自然环境，而且还严重地影响着人类社会经济的可持续发展。受干旱影响的区域几乎遍及全世界，尤其以季风区和干旱区最为突出。20 世纪 80 年代中期以来，我国干旱区气候出现明显转折，伴随升温趋势明显，降水较大幅度增加，风力和蒸发力持续减弱，干燥指数有所减低；其影响导致许多河流流量增加、湖泊水位升高，植被逐渐恢复，荒漠化持续扩展趋势初步得到遏制。20 世纪中后期，干旱区的许多内陆河流流量不断减少甚至断流、下游绿洲衰退，其主要原因并非气候变化，而是不合理的人类活动。尽管干旱区降水有较大幅度增加，但降水的基数原本很小，增加后的降水绝对数量仍然很低，因此，干旱区缺水少雨的基本状况没有改变，干旱-荒漠的景观格局没有改变，生态环境的脆弱性也没有根本性改变。近 1Ma 以来，中国西北内陆极端干旱区气候总体上呈持续变干的趋势，其干旱化过程主要经历了五个演化阶段：0.95~0.87Ma(207~191m)，相对湿润阶段；0.87~0.52Ma(191~111m)，干旱化发展阶段；0.52~0.33Ma(111~67m)，干旱化强烈发展阶段；0.33~0.13Ma(67~30m)，现代干旱环境格局的调整过渡阶段；0.13~0Ma(30~0m)，现代干旱化格局的形成阶段。

叶尔羌河流域位于新疆维吾尔自治区的西南部，塔里木盆地的西南边缘。东隔塔克拉玛干大沙漠与和田地区相邻；西靠帕米尔高原的沙里阔勒岭与塔吉克斯坦、阿富汗两国接壤，再接克孜勒苏柯尔克孜自治州的阿克陶县，喀什地区的英吉沙、疏勒、岳普湖、伽师等县；南靠喀喇昆仑山与巴基斯坦及印度与巴基斯坦争议的克什米尔地区为邻；北接天山余脉，与阿克苏地区的柯坪县、阿瓦提县毗连。目前针对干旱的研究已开发出多种表征干旱程度的指标，其中标准化降水指数 (SPI)、标准化降水蒸散指数 (SPEI)、帕尔默干旱指数 (PDSI) 等已得到广泛利用。但是上述气象干旱指数在新疆不适用，新疆属于绿洲灌溉农业区，水源主要来自河川径流，降水仅能用于补充土壤墒情，远不能满足灌区农作物需水。因此，针对新疆实际情况，有必要建立水文和气象结合的干旱指数 HDI。研究不同尺度下干旱程度、干旱频率、干旱历时、干旱周期的变化特征以及 HDI 在空间上的变化特征，这对研究叶尔羌河流域干旱灾害规律、干旱灾害预警及防治有重要作用。

4.2　干旱评价指标选取及方法介绍

4.2.1　干旱评价指标选取

干旱评价指标选取是衡量干旱程度的关键环节。由于干旱成因及其影响的复杂性，很难找到一种普遍适用的干旱指标，因此产生了应用于不同需求的各种干旱评价指标。归纳各种干旱评价指标，大致可分为四类：气象指标、水文指标、农业指标、社会经济指标。由于各个部门对干旱的定义不同，水文部门以径流量的丰枯等级来划分干旱程度，农业部门以土壤的干湿状况来确定干旱程度，气象部门则以降水量的多少来确定干旱程度。因此，为了检测研究干旱及其变化，科学家们利用气温、降水量、径流量等水文气象要素，逐渐产生了大量的干旱评价指标。这些干旱评价指标包含了降水量、气温、蒸发量、径流、土壤含水量、湖泊水位、地下水位等众多的基础资料，最终形成了一系列简单的指标数字。对于决策者和相关领域来说，干旱评价指标比原始观测资料更加直观，可利用性更强。

　　本书构建了水文–气象综合干旱指数 HDI 用来指征干旱特征。利用全球气候模式 (GCM) 或者区域气候模式 (RCM) 的输出结果，建立未来的 HDI 指数，分析未来干旱演变特征，这对研究叶尔羌河流域干旱灾害规律、干旱灾害预警及防治有重要作用。

4.2.2　方法介绍

　　气象干旱指数 SPI 能够反映不同时间尺度的降水异常，而水文干旱指标 HI 则能反映河川径流的丰枯状况。在塔里木河流域，温度是影响径流的主要因素之一。因此，将气象干旱指标和水文干旱指标结合起来，既能反映不同的干旱状况，又考虑了温度对干旱的影响。结合前人研究成果，本章选择 1 个月尺度和 3 个月尺度的 SPI 以及 HI，采用权重线性组合的方法，得到一种基于降雨和径流的综合干旱指标 HDI：

$$\text{HDI} = a \times \text{SPI}_1 + b \times \text{SPI}_3 + c \times \text{HI} \tag{4.1}$$

式中，SPI_1、SPI_3、HI 分别为 1 个月尺度 SPI 时间序列、3 个月尺度 SPI 时间序列、水文干旱程度时间序列值；a、b、c 为权重系数且 $a + b + c = 1$，计算公式为

$$
\begin{aligned}
a &= \frac{a_1}{a_1 + b_1 + c_1} \\
b &= \frac{b_1}{a_1 + b_1 + c_1} \\
c &= \frac{c_1}{a_1 + b_1 + c_1}
\end{aligned}
\tag{4.2}
$$

式中，a_1、b_1、c_1 为相对系数，分别为叶尔羌河流域内 SPI_1、SPI_3、HI 达到轻旱以上级别各指标的平均值除以历史上出现最小干旱指数值的平均值。

　　根据所计算的各站点近 50 年来的干旱指标的值，最终得到叶尔羌河流域范围内的各个干旱指标的权重系数值，$a = 0.33$，$b = 0.34$，$c = 0.33$。

根据塔里木河历史干旱灾害数据和经验，综合干旱指标 HDI 的干旱等级划分见表 4.1。

表 4.1　HDI 干旱程度登记表

水文干旱指标 HDI	等级	干旱程度
$(-0.5, 0]$	0	无旱
$(-1.0, -0,5]$	1	轻旱
$(-1.5, -1.0]$	2	中旱
$(-2.0, -1.5]$	3	重旱
$(-\infty, -2.0]$	4	极端干旱

4.3　基于 HDI 的干旱变化规律分析

4.3.1　不同时间尺度的 HDI 变化规律分析

不同时间尺度的 HDI 可以反映出不同类型的干旱，多种时间尺度的 HDI 可以实现对干旱的综合检测评估，时间尺度短的 HDI(1 个月、3 个月) 是对短期降水、径流的响应，可以反映出短期的干旱变化特征；时间尺度长的 HDI(6 个月、12 个月) 是对长期降水、径流的响应分析，可以反映出长期的降水、径流响应，本节选取 3 个月尺度、6 个月尺度、12 个月尺度的 HDI 序列对叶尔羌河流域的干旱状况进行研究分析，见图 4.1。

图 4.1 表明，HDI 值在不同时间尺度下反映干旱程度的结果并不一致。在 6 个月和 12 个月时间尺度下 HDI 显示的干旱程度为极端干旱或重旱，而在 3 个月的时间尺度下 HDI 值则可能呈现的是无旱，如 1960 年 3 月的 HDI-12 为 −2.38(极端干旱)，HDI-6 为 −2.1(极端干旱)，HDI-3 则为 −0.53(无旱)；当在 3 个月时间尺度下 HDI 显示的是重旱时，在 6 个月和 12 个月尺度下 HDI 则可能显示的是无旱或者湿润，如在 1962 年 6 月在 3 个月尺度下 HDI-3 为 −1.12(中旱)，而 HDI-6 为 0.7(无旱)，HDI-12

为 0.28(无旱)。通过 HDI 在不同时间尺度下显示的干旱程度的比较结果可以看出 HDI 在不同时间尺度下对干旱程度的表征效果并不完全相同，时间尺度短的 HDI(3 个月)，由于受短时降水、径流影响大，HDI 频繁地在 0 线处波动，反映出短期的旱涝变化特征，季节尺度的 HDI 值适于监测短时期内水分变化；随着时间尺度增长 (6 个月和 12 个月)，HDI 对短期降水的响应减慢，旱涝变化比较稳定，周期更明显，可以清楚地反映出长期的干旱趋势变化。6 个月和 12 个月时间尺度的 HDI 适用于监测长期的水分动态。

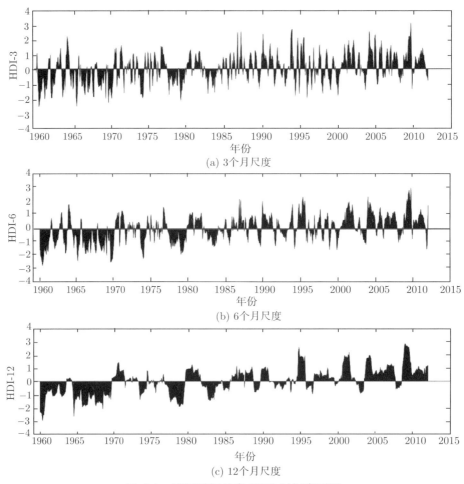

图 4.1　不同时间尺度 HDI 时间序列图

从图 4.1 中的 HDI 变化可知，时间尺度选择得越短，则对应的 HDI 值波动幅度就越大，同时 HDI 值分布也越分散，此表明干旱强度受短时间降水、径流影响就越剧烈。当以 12 个月为时间尺度时，极端干旱灾害发生的年份分别为：1960 年、1969 年和 1974 年，一共只有 3 年，干旱发生频率小；当以 6 个月为时间尺度时，极端干旱灾害发生的年份分别为：1960 年、1965 年、1969 年和 1974 年，共 4 年，干旱发生频率较小；而当以 3 个月为时间尺度时，叶尔羌河流域发生极端干旱 (HDI $\leqslant -2$) 的年份为：1960 年、1961 年、1965 年、1969 年、1970 年、1974 年、1989 年和 1996 年，共 8 年，干旱发生频率高，远远超过 12 个月尺度和 6 个月尺度所发生的极端干旱次数。再次反映出 HDI 值在不同时间尺度下对干旱表征的效果不同，因此在分析研究区干旱强度时，应从多时间尺度下对频率和程度进行分析。

4.3.2 干旱频率及月数变化

根据 HDI 等级指标 (1 个月尺度) 分别统计逐年干旱月数，由图 4.2 可知，塔里木河流域平均干旱月数为 1.94 个，其中中旱为 1.23 个，重旱为 0.58 个，极旱为 0.13 个。

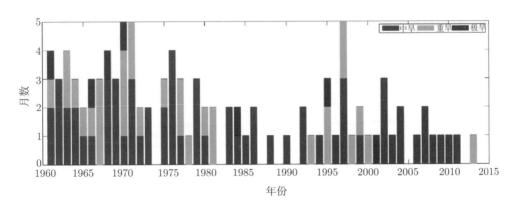

图 4.2 月尺度逐年干旱变化序列

　　分别统计三种时间尺度下中旱、重旱和极旱发生的频率，由表 4.2 可知，基于三种时间尺度 HDI 得出的频率无明显差异，极旱发生的频率分别为 1.72%、1.89% 和 1.57%，在 1%～2%，重旱频率为 4%～6%，中旱频率为 9%～11%，极旱灾害平均五年发生一次，而中旱灾害则平均不到一年就发生一次。由此可见，塔里木河流域干旱灾害的发生具有明显的时间变化特征，结合图 4.2 可以看出，20 世纪 60～70 年代干旱次数较多，特别在 20 世纪 60 年代，如 1960 年是个特大干旱年，概念上有 6 个月份都处于极大干旱月或重大干旱月，除此之外，1965 年、1967 年和 1969 年均有极大旱情发生。从近几十年的统计来看，20 世纪 60 年代是旱情最为严重的一段时期。从 20 世纪 80 年代开始叶尔羌河流域干旱有减缓的趋势，除了个别年份有较大旱情外，如 1996 年，有 5 个月份处于中旱和重旱月，其他年份旱情相对稳定。

表 4.2　叶尔羌河流域年、季不同等级干旱频率表

HDI计算时间尺度/月	干旱等级	次数	频率/%	重现期/月
	极旱	11	1.72	58
3	重旱	28	4.40	23
	中旱	65	10.22	10
	极旱	12	1.89	53
6	重旱	32	5.03	20
	中旱	66	10.38	10
	极旱	10	1.57	64
12	重旱	34	5.35	19
	中旱	63	9.90	10

4.3.3　干旱年际变化

　　选取 12 个月尺度的 HDI-12 指数进行叶尔羌河流域干旱分析，结果见图 4.3。

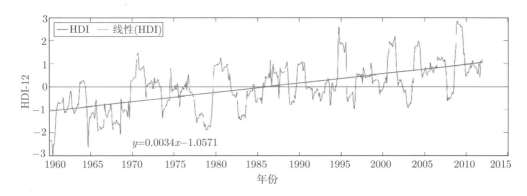

图 4.3 叶尔羌河流域 12 个月尺度 HDI 变化趋势

由图 4.3 可知，在研究时段内，叶尔羌河流域 HDI 的变化率为 0.34%/10a，干旱状况确实是有缓解的趋势。在 1960~1980 年干旱频繁发生，中旱几乎每年都有发生，重旱和极旱也常有发生，特别是在 20 世纪 60 年代，重旱或极旱每年都发生。从 1960~2013 年共有 10 个月发生了极旱灾害，而仅仅在 60 年代就发生了 9 次，而在 1985 年后叶尔羌河流域旱情有了明显缓解趋势，重旱和极旱发生的频率较低。以年尺度的 HDI-12 指数结果显示，相对 1960~1980 年总体变化趋势，在 1985 年后叶尔羌河流域没有发生极端干旱，旱情有了极大的好转，有些年份不存在干旱问题，甚至有些年份发生雨涝现象，特别是在 1995 年后，叶尔羌河流域干旱情况有了更明显的好转，变化趋势显著。

4.3.4 季节性干旱变化特征

依据降水量、径流量在时间上将全年分为雨季与旱季，分别为当年 6~11 月 (雨季) 和当年 12 月 ~ 次年 5 月 (旱季)，与此同时本节选取 6 个月时间尺度的 HDI-6 进行降水季节性干旱变化趋势特征分析，见图 4.4。

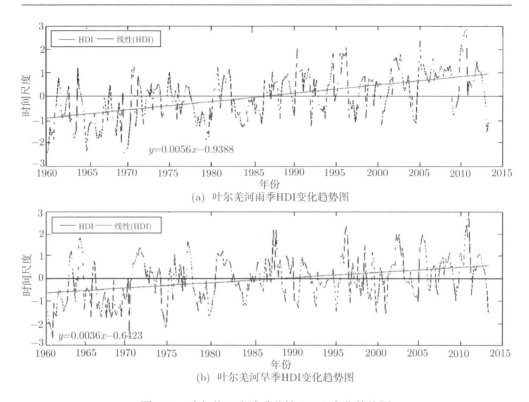

(a) 叶尔羌河雨季HDI变化趋势图

(b) 叶尔羌河旱季HDI变化趋势图

图 4.4　叶尔羌河流域季节性 HDI 变化趋势图

图 4.4 表明，雨季和旱季在 6 个月的时间尺度下 HDI-6 显示出的干旱强度均呈现下降趋势，但从干旱程度的下降趋势上来看，雨季的下降趋势要明显地强于旱季的下降趋势，雨季 HDI-6 的变率为 −0.56%/10a，旱季 HDI-6 的变率为 0.36%/10a。从图 4.4 可以看出，相对 1960~1985 年，在 1985 年后雨季和旱季干旱强度均有极大的好转，但旱季发生干旱的频率远高于雨季发生频率，干旱情况的发生并没有完全的改善，如在 2013 年又发生了重旱。

4.3.5　周期分析

本节选取 12 个月时间尺度的 HDI-12 进行研究，通过复值 Morlet 小波对叶尔羌河流域 12 个月时间尺度的 HDI-12 进行分析，计算出 HDI-12

值的小波频率变换和小波方差, 结果分别如图 4.5 和图 4.6 所示, 根据小波频率和小波方差对叶尔羌河流域干旱进行 HDI 周期分析。

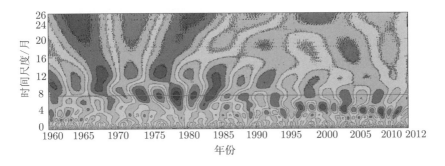

图 4.5　小波系数实部时频分布

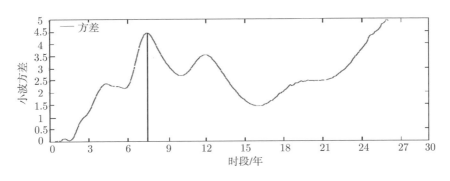

图 4.6　小波方差图

由图 4.5 可知, 1960~2012 年, 12 个月尺度的标准化降水指数 HDI-12 周期变化较为明显, 呈现一增一减的交替循环变化的情况, 并且随着年际的变化, 它的振荡幅度更加明显、强烈。同时, 标准化降水指数 HDI-12 负值 (旱) 等值线到 2012 年尚未闭合, 这预示着在此后未来的几年, 还会继续呈现轻微、中度干旱趋势, 这与图 4.7 呈现的信息比较一致。

由图 4.6 可见, 叶尔羌河流域 HDI 的小波方差在 5~6 年、7~8 年和 12 年时间尺度上均出现峰值, 故综合干旱指数 HDI 的周期为 5~6 年、7~8

年和 12 年，但 7~8 年为 SPI 值的主周期，5~6 年和 12 年为 HDI 值小周期。

4.3.6　气候条件下未来干旱规律分析

基于全球气候模式 (GCM) 下的 SRESB1 情景，时间尺度为 2020~2050年的月降水等数据，计算 6 个月时间尺度的 HDI 序列，数据系列长度为2020~2050 年，结果如图 4.7 所示。

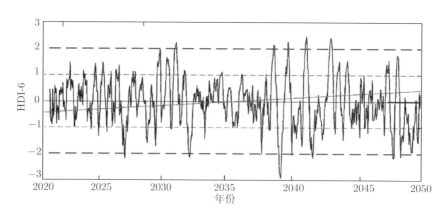

图 4.7　未来叶尔羌河流域 6 个月尺度 HDI 变化趋势

6 个月时间尺度的 HDI 序列结果显示：在研究时段内，叶尔羌河流域 HDI 的变率为 0.24%/10a，干旱状况呈现缓解的趋势。在 2040~2050年干旱频繁发生，干旱每年都有发生，重旱和极旱也常有发生，特别是在 2040 年左右，可能有极端干旱发生，2020~2035 年为干旱发生频次较小和程度较低的阶段。总体而言，在未来气候变化条件下，受融雪融冰径流增加影响，叶尔羌河流域的干旱将会呈现缓解的趋势。

在未来气候变化条件下极端干旱发生次数的基础上，统计各个时期极端干旱发生的面积变化趋势，结果如图 4.8 所示。

由各个时期极端干旱发生的面积变化趋势结果可以看出：SRESB1

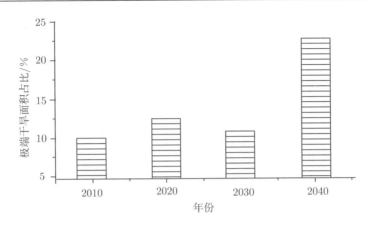

图 4.8 叶尔羌河流域极端干旱面积占比变化趋势

情景下，极端干旱面积占比在 2010~2050 年呈现增加的趋势，分别为 10.1%、12.5%、12.1% 和 22.9%。与其他年份相比，2040 年极端干旱面积占比增幅较为显著，与其他时期相比高于 10%，为 22.9%，干旱面积呈急剧扩张趋势。受气温升高影响，蒸发渗漏损失加大，虽然山区径流有增加趋势，但不足以抵扣蒸发渗漏损失，2040 年整个叶尔羌河流域仍将会处于较为干旱的阶段。

4.4　本章小结

本章对叶尔羌河流域干旱强度、干旱频率、干旱年代际变化、干旱季节性变化以及周期变化等方面进行了分析，结论如下：① 叶尔羌河流域干旱强度呈现下降的趋势，干旱历时有缩短的趋势，1960~1980 年是干旱发生最频繁的一段时期，进入 20 世纪 90 年代以来，干旱频率较低，但重旱、极旱还有发生，具有阶段性的特征。② 叶尔羌河流域干旱随时间的变化在雨季和旱季表现出大致相同的特征，从长期变化趋势看，叶尔羌河流域在雨季和旱季的干旱都呈现减弱的趋势，雨季干旱强度下降趋势明显强于旱季干旱。③ 叶尔羌河流域发生干旱频率较高，平均每年都有干旱情况发生，大旱平均每 5 年发生一次，存在明显的周期性，水文-气象干旱指数 HDI 存在 7~8 年的主周期。④ 未来叶尔羌河流域干旱态势总体上呈现缓解的趋势，但未来极端干旱和干旱面积却呈现增加的趋势，2040 年整个叶尔羌河流域将会处于一个较为干旱的阶段，需要建立水资源优化配置措施来减少干旱所带来的社会经济损失。

第5章 气候变化条件下山区−平原水库群联合调度模型

5.1 引 言

洪水灾害是当今世界上损失最大的自然灾害之一。据联合国统计，每年全世界各种自然灾害的60%是因洪灾造成的。我国2/3的国土上存在着不同类型和不同程度的洪水灾害，是世界上洪涝灾害很频繁和严重的国家之一，洪涝灾害对社会经济造成的损失居各种自然灾害的首位。新中国成立以来，随着人口的增加、气候环境的改变和社会经济的发展，洪涝灾害给人民的生命财产带来的损失越来越大，严重地影响了我国社会经济的可持续发展。为了减轻洪水灾害，我国建设了大量控制洪水的防洪工程。经过近50年的艰苦努力，我国防洪建设取得了巨大成就。据统计，至20世纪末我国已建成水库8.5万座，各类堤防27万余千米，开辟临时分蓄洪区100余处。目前，全国七大江河初步控制了常遇洪水灾害，可将大洪水灾害控制在规划的分滞蓄洪区内，许多流域已形成了以水库群为核心的防洪联合体系。

防洪优化调度是一种重要的非工程措施，对确保水利工程安全运行起着重要作用。在防洪联合体系中，水库群系统防洪联合调度，就是对流域内一组相互间具有水文、水力、水利联系的水库及相关工程设施（如堤防、滞洪区、分蓄洪区等）进行整体统一的协调调度，既保证水利设施自身安全，又确保上下游洪水造成的损失最小，从而达到全流域系统损失最小的目的。

　　当前，线性规划、动态规划等优化方法，以及多目标分析方法、大系统分解协调方法、耦合方法已在水库群系统防洪联合调度中得到了应用。线性规划方法是在水资源领域中应用最早最广泛的规划技术。在水库群防洪联合调度方面，国外 Windsor(1973) 最早提出以线性规划进行研究。国内王栋等 (1998) 根据水库群防洪调度的基本原理和最优准则，对水库群系统防洪联合调度建立了一类最大防洪安全保证的线性规划模型。动态规划是一种研究多阶段决策过程的递推最优化方法，国外最早把动态规划应用于水库优化调度的是美国的 Little，他于 1955 年提出了径流为随机的水库优化调度随机数学模型；Howard 于 1960 年提出了动态规划与马尔可夫过程理论；Turgeon 于 1981 年运用随机动态规划和逼近法解决了并联水库群的优化问题。国内李文家、许自达 (1990) 根据经过水库群拦蓄后下游超过设防标准洪水最小的准则，结合河道滞蓄作用大小，建立了黄河三门峡、陆浑、故县三库联合调度防御下游洪水的动态规划模型；傅湘、纪昌明 (1997) 针对过去使用动态规划进行防洪调度时忽略了后效性影响的缺陷，建立了一个多维动态规划目标模型。但是动态规划法也存在着许多不足之处，如计算复杂性问题 (维数灾难) 无后效性等，使得应用存在很大的局限性。随着数学与计算机技术的发展，许多新的算法被引入到水库优化调度领域，例如，对策论、存储论、灰色系统、神经网络和遗传算法等一系列方法。近年来尤以仿生算法在水库优化调度中发展迅速。2007 年，刘群明等提出了粒子群优化与死亡罚函数相结合的混合算法，并将模型运用于某流域由 4 个水库组成的串联水库群防洪系统，得到了较好的结果。2005 年，徐刚、马光文将蚁群算法引入了水库的发电优化调度中，模型引入了变异特征，用实例表明其相对于动态规划计算速度快、收敛性好，能有效地避免维数灾难。2005 年，冯迅等根据水电站优化调度问题的实际特点，用基于十进制的遗传算法，加入最优保存和局部搜索两种收敛策略对问题进行了改进，并用五强溪水电站的实际例子进行了模拟计算,与未经改进的遗传算法进行了比较,取得了比较满意的结果。

叶尔羌河流域有 2 座山区水库和 40 座平原水库,2 座山区水库下坂地水库和阿尔塔什水库的总库容达到 24.23 亿 m³,而 40 座平原水库总库容为 15.69 亿 m³。全疆 2007 年地方系统水库供水量仅占全部供水量的 8.62%,且以平原水库为主,平原水库蒸发渗漏损失可占入库水量的 20%~60%,水利用率不到 50%。因此,修建有调蓄能力的山区水库,利用山区水库和平原水库联合调度水资源,加以综合利用和合理配置,减少生态耗水,减少平原水库的蒸发渗漏损失,提高水资源的利用效率,对于适应极端气候条件以及气候变化条件下绿洲生态环境的保护和流域的可持续发展有着重要的意义。

5.2 水库调度模型构建及优化算法介绍

5.2.1 水库调度

水库调度是承担灌溉、发电、工业及城镇供水等兴利任务的水库控制运用,是根据水库承担的任务和主次关系,以及规定的调度原则,运用水库的调蓄功能,在保证安全的前提下,有计划地对水库天然来水进行蓄泄,以达到除害兴利、综合利用水资源,最大程度满足国民经济各部门对水需求的目的。它是水库运行管理的中心环节,其主要内容包括拟订各项水利任务的调度方式、编制水库调度规程和年调度计划、确定面临时段水库蓄泄计划及日常调度实时操作规则等。水库调度水平的高低直接影响着水库综合效益的发挥。水库调度具有多维性、多阶段性和多目标性的特点。

水库调度按照划分方法的不同,有不同的分类:

(1) 按水库调度方式的不同,可分为防洪调度、发电调度、灌溉调度、供水调度、综合利用调度等。

(2) 根据研究方法的不同,可分为确定性优化法、显随机优化法和隐随机优化法。

(3) 按水库个数划分,可分为单一水库调度和水库群联合调度。

(4) 对于以发电调度为主的水库,按水库运用的周期长短可分为长期调度、短期调度和厂内经济运行。

(5) 按调度的方法划分可分为常规调度和优化调度。

5.2.2　优化算法介绍

水库优化调度是一个具有大量约束条件的动态复杂非线性系统的最优控制问题,由于其实用价值较高而引起了国内外众多学者的关注,相继提出了许多研究方法。本章根据调度的方法的不同,从常规调度和优化调度两种方法对其进展情况进行探讨。传统的常规调度方法的数据基础是历史水文径流资料,该方法结合了经典水文学、水力学、径流调节以及水能计算的基本理论与方法,然后探索水库的调度方式,通过制定调度规程,进而绘制出调度图,以此来指导水库的运行管理。传统的常规调度方法容易实现,可以直接指导优化调度实践,但是调度图缺少对预报来水流量的考虑,不仅增加了水库调度的风险,而且不能充分发挥利用水能资源的综合效益。同时,常规调度图难以满足现阶段多目标、多约束的梯级流域水库群调度的工程应用需求。为弥补调度图的缺点,近年来,智能优化算法,如粒子群算法、遗传算法、蚁群算法、模拟退火算法以及差分进化算法等引入到传统调度图的绘制过程中,针对典型年的来水,结合优化算法制定调度图,从而提高了调度图对水能资源的利用效率。

20 世纪 50 年代初,在常规调度的基础之上引入了优化调度。优化调度将水库调度问题抽象为带约束的数学问题,以最优化理论和方法为指导，通过现代高速计算机的辅助调度运算，在有效的时间和空间的范围内寻找符合水库的最优化调度方案。优化调度可以考虑不同入库径流的情况，理论上优化调度可以获得全局最优化的调度结果。由于优化调度开销小，而且能极大地提高水能资源的利用效率，因此，现阶段许多专家、学者都对优化调度方法进行了研究，且已经取得了巨大的成效。不仅针对水库优化调度工程实践提出了许多调度模型，基于这些模型还形成了大量的优化调度理论，构造了丰富的符合水库优化调度工程实践的求解方法。

1. 传统的优化算法

传统的优化方法是以运筹学为基础的。国外从 20 世纪 50 年代初开始就将数学优化方法应用于水库调度问题的求解，目前主要的方法有线性规划、非线性规划、大系统分解协调和动态规划等方法，这些方法都已广泛地应用于水库优化调度过程当中。

1) 线性规划

线性规划 (LP) 作为运筹学的一个重要分支，是发展最早的一种方法，也是最简单、应用最广泛的一种方法，而且有通用、成熟的程序，其目标函数及约束条件都是线性的。LP 作为最早被应用在水库优化调度领域的一种方法，由于能进行全局寻优并获得最优解，而且在求解过程中不需要初始决策，因此它在处理规模较小优化问题中的应用非常广泛。但是在求解水库群系统联合调度问题时，需要对目标函数进行线性化处理，否则会造成较大的误差，单纯的 LP 模型往往不能很好地反映水库群的联合调度规律。

2) 非线性规划

目标函数或约束条件中包含非线性函数时即为非线性规划 (NLP)。NLP 理论最早出现于 20 世纪 50 年代，在目标函数为不可分或约束为非线性的问题求解及处理中非常有效。但是求解非线性规划问题要比线性规划困难得多，而且目前 NLP 并没有形成求解各类问题的通用算法及程序，每个方法都适用在特定的范围内。对于一般的 NLP 问题，其局部最优解并不一定是整体最优解，唯有凸规划的局部最优解才是全局最优解。某些特定的 NLP 问题常需进行线性化处理 (将不等式的约束条件转化成等式的约束条件，或使用罚函数法转化成无约束问题)，将其变为 LP 问题求解。NLP 在水库群调度问题中的适用性更强，但是由于计算效率不高且未形成求解的通用方法及程序，因此应用研究成果并不突出。

3) 动态规划

动态规划 (DP) 法由 20 世纪 50 年代初美国数学家 Bellman 等提出。该方法把复杂的多阶段过程转化为一系列简单的单阶段问题，然后结合各阶段之间的关系对各单阶段逐个求解。动态规划方法由于对计算模型以及计算对象的约束条件没有要求，因此在实际工程中得到了极大的运用。目前，DP 法在单一水库优化调度中应用已较为成熟，但随着水库数目的增多，变量维数增加，会产生“维数灾”的问题，在很大程度上限制了其在梯级水库群优化调度中的应用。

4) 大系统方法

大系统方法是一种求解复杂问题常用的方法，首先将大系统问题分成若干个相互独立的子系统，各子系统被视为下层的一个决策单元，然后在上层设置一个协调器，形成逐层递阶结构的形式。

2. 现代进化算法

近年来，随着计算机的处理能力的提高及数值计算方法的改善，现代群智能优化算法受到众多国内外学者的广泛关注。这类方法一般是通过模拟各种自然现象，在循环迭代过程中利用种群进化方式进行搜索寻找最优解。这类算法相比于传统的优化方法存在许多优势，其对模型无任何限制，可直接求解多维、非连续、非线性及不可导等复杂优化问题，而且算法求解效率通常高于传统优化方法。目前应用在水库优化调度领域的群智能优化算法主要包括粒子群算法 (PSO)、遗传算法 (GA)、蚁群算法 (ACO)、混沌优化算法等。

1) 粒子群算法

粒子群算法 (PSO) 是 Kennedy 与 Eberhart 于 1995 年从鸟类群体寻找食物中得到启发，提出的一种随机搜索算法。鸟类寻找食物过程中会考虑自身及同伴飞行经验，动态地调整自身飞行状态。PSO 将鸟抽象成粒子，将鸟类飞行过程转化成粒子当前的位置与速度。搜寻过程中，每个粒子所经历过的位置被视为自身飞行经验，所有种群经历过的最好位置被视为同伴飞行经验。粒子的位置需要不断地按照粒子历史最优位置及全局最优位置进行调整，最终完成搜索过程。

2) 遗传算法

遗传算法 (GA) 是通过对自然基因及自然选择机制模拟的一种寻优方法，按照自然界"优胜劣汰"法则，将基因变异及繁衍等自然界的规律与适者生存相结合，使用随机搜索机制，以种群为计算单位，依据个体适应度值进行选择、交叉及变异等操作，最终寻找到全局最优解。与传统的 DP 法相比，遗传算法在梯级水电站水库群优化调度问题求解中拥有显著的优势，其利用随机变迁规则指导搜索寻优方向，而不是采用确定的搜索规则，且搜索机制并不直接反映在状态变量中，状态变量及控制变量均无需进行离散，所需要的内存较小且稳定性较强，因此在确定性水库优化调度领域得到了广泛应用。

3) 蚁群算法

蚁群算法 (ACO) 是由 Colorni 等在 1991 年提出，该算法源于对自然界中蚂蚁觅食行为的模拟。每只蚂蚁的路线相当于待求问题的一个解，连接初始位置和食物位置的路线即待求问题的可行解。蚂蚁首先四处寻找食物，当其中的一只找到食物以后，它向周围环境释放信息吸引其他的蚂蚁过来，但是仍有些蚂蚁会寻找到食物的更短路径，从而让更多的蚂蚁以更优的路径搬运食物。通过仿生以上原理，蚁群算法设计了并行分布计算、正反馈机制以及启发式搜索。由于蚁群算法求解效率高，已成功应用于许多领域。

4) 混沌优化算法

混沌是一种广泛存在于自然界的非周期运动现象，具有非线性、随机性、规律性、遍历性的特点。混沌优化方法是通常与其他算法相结合来避免搜索过程进入局部最优的一种优化机制。

5) 其他优化算法

近几年来新的随机优化算法不断涌现，应用于求解水库优化调度问题的其他智能优化算法还有差分进化算法、模拟退火算法、人工免疫算法、人工鱼群法等。差分进化算法通过对种群中个体叠加差分矢量生成变异个体，然后通过交叉算子和选择算子生成新的个体，因而差分进化算法可以看作是改进的粒子群算法和遗传算法的结合。模拟退火算法来自模拟热力学中的退火过程，该算法通过温度参数下降的过程中，动态更新解空间，从而使算法能够搜索出一个近似最优解。人工免疫算法是模仿人类免疫系统的工作原理提出的，该方法将优化问题的目标抽象为抗原，把抗体抽象为可行解，通过计算抗体期望生存率以促使抗体趋向于更优的位置遗传变异，结合记忆细胞单元保存可行解，并促使算法收敛。人工鱼群算法是一种模拟鱼类群体活动的随机搜索算法，主要利用鱼类的觅食、聚群、追尾等行为算子，构造单个鱼个体从鱼群中个体局部寻优达到全局最优值，该算法能较好地克服传统随机算法陷于局部最优的问题，而且具有较快的收敛速度。

5.3 山区–平原水库调节与反调节技术应用实例——基于文化粒子群混沌算法

5.3.1 流域水系概况

叶尔羌河流域主要由四条河组成，叶尔羌河水量最大，提孜那甫河次之，柯克亚河与乌鲁克河均为小河。叶尔羌河流域地表水资源量为 75.6 亿 m^3，干流叶尔羌河地表水资源量为 66.27 亿 m^3，占总流域的 87.7%；提孜那甫河地表水资源量为 8.55 亿 m^3，占总流域的 11.3%；乌鲁克河和柯克亚河地表水资源量分别为 0.71 亿 m^3、0.07 亿 m^3，占总流域的 1%。

叶尔羌河是叶尔羌河流域的干流，发源于喀喇昆仑山脉，位于卡群水文站以上，上中游分别有塔什库尔干河流以及提孜那甫河流汇入，流经喀什地区的 7 个县城，包括叶城、塔什库尔干、泽普、莎车、麦盖提、巴楚县及阿克陶县，最终进入阿瓦提县，之后与和田河汇合流向塔里木河。河流全长 1179km，多年平均年径流量为 65.26 亿 m^3，多年平均流量 201m^3/s，多年平均输沙量 2824 万 t，河流总落差 4448m，水能蕴藏 6060MW(其中干流 3547MW)。叶尔羌河流域具体水系水文站网见图 5.1。

5.3.2 系统概化及分析

叶尔羌河流域具有丰富的水资源，多年平均地表水径流总量 75.6 亿 m^3，其中卡群断面为 66.97 亿 m^3。主要支流有乌鲁克河、提孜那甫河、柯克亚河。叶尔羌河灌区现有灌溉面积 660 万亩，是我国四大灌区之一，也是新疆最大的绿洲，但来水在空间上分布很不均匀，叶尔羌河来水主要依靠冰川融水，在 7 月、8 月、9 月、10 月汛期来水总量占全年来水总量的绝大部分，水资源供需矛盾非常突出，供需平衡分析如图 5.2 所示。

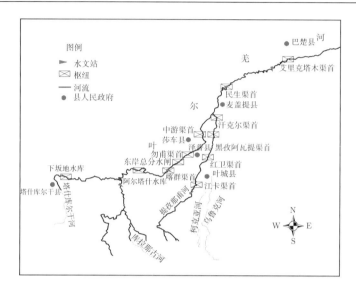

图 5.1   叶尔羌河流域具体水系水文站网示意图

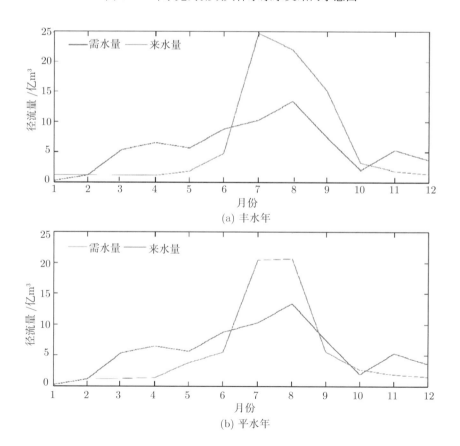

(a) 丰水年

(b) 平水年

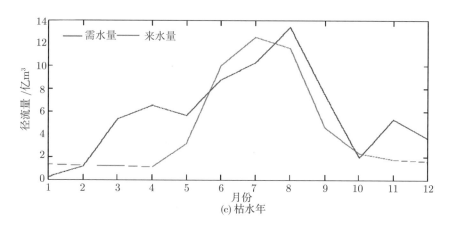

图 5.2 供需平衡分析图

图 5.2 表明，每年在 7~10 月份来水量大于需水量，其余月份，来水量远远不能满足需水量，因此需要通过山区水库和平原水库的联合调度来满足非汛期的需水量。

叶尔羌河流域水资源调度涉及 4 条河流以及泉水、地下水与 40 座平原水库，流域 660 万亩灌区涉及 5 个县和兵团用水，把各种水资源与各类水利工程和各用水部门连接起来，形成了一个复杂的系统。为此，必须对河、渠、库组成的网状配水体系进行概化处理。

为全面了解灌区不同位置对水资源的需求量和各平原水库的作用，合理调配水资源；反映修建下坂地水库后，如何替代平原水库，能替代多少座，实现下坂地水库多蓄水、平原水库少蓄水、留出充足的水量集中在 7~9 月份下泄，完成叶尔羌河下游及塔里木河生态用水，有必要按叶尔羌河各引水渠首-节点配置水资源。

节点设置原则，依据叶尔羌河流域规划实施目标：一是把不同河流的水资源集中到叶尔羌河干流，利于向塔里木河干流进行生态输水；二是把能够反映引水和供水体系的叶尔羌河大型渠首单独作为一个节点，将其余引水枢纽按距离较近原则并入上下游渠首，从而使得复杂的流域水系变成为叶尔羌河干流主要节点的水资源配置问题。通过节点概化处理，将叶尔羌河概化为 5 个节点，分别为：卡群、依干其、中游、民生、艾里克塔木渠首 (图 5.3)。

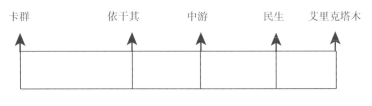

图 5.3   叶尔羌河各节点

流域水资源与灌区需水量节点概化：

(1) 将提孜拉甫河、乌鲁克河、柯克亚河以及泉水全部折算到叶尔羌河的卡群断面进行统一处理；

(2) 地下水作为地下水库参与调节，先满足各节点的工业及城市生活用水，余水供给农灌；

(3) 灌区按引水位置依行政地域划分子灌区，将人口、牲畜及工业产值分配到节点上，对一些子灌区的部分灌溉面积与节点引水位置不相匹配的，作适当的调整，以使节点与灌区供水关系尽可能相符。

叶尔羌河及支流多年平均流量季节分配示意图如图 5.4 所示，其各节点需水量分析如图 5.5 所示。

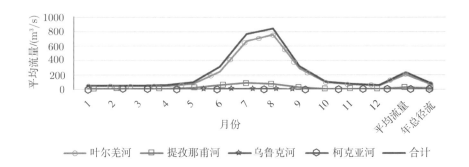

图 5.4   叶尔羌河及支流多年平均流量季节分配示意图

叶尔羌河流域共有平原水库 40 座 (表 5.1)，总库容为 15.69 亿 m³，流域规划到 2010 年，通过建设下坂地水库逐步废弃效益低、对环境影响大的水库 16 座，保留 24 座，24 座水库有效库容为 10.4 亿 m³。

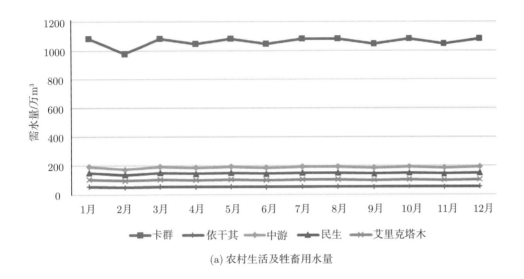

(a) 农村生活及牲畜用水量

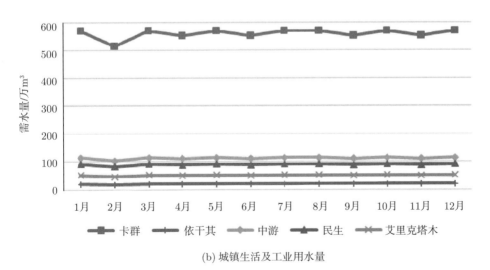

(b) 城镇生活及工业用水量

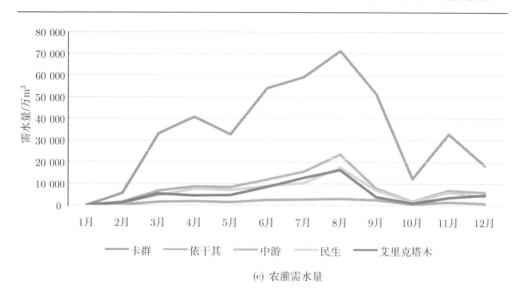

(c) 农灌需水量

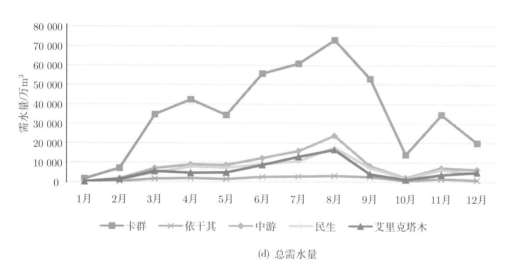

(d) 总需水量

图 5.5　叶尔羌河各节点需水量分析示意图

随着水库的日渐淤积和年久失修，部分平原水库不仅水量损失大，而且已经成为病险水库，存在着坝顶高程不够、坝体碾压质量差、坝前坡破坏严重、防洪标准低、水库管理设施不完善等问题，无法继续承担起调蓄水量的作用，因此，随着阿尔塔什水库的建成，全流域将在 24 座平原水库的基础上再逐渐废除 8 座，保留 16 座，并对保留的平原水库中的部分病险水库进行除险加固，使其有效地发挥反调节作用。

平原水库分布在灌区中，为了将山区水库和平原水库联合调度，我们将平原水库按照供水范围划分到 5 个节点中，将剩余的 16 个水库进行概化处理，按 5 个节点概化原则，将 16 个水库概化为 5 个水库，然后将这 5 个平原水库和 2 个山区水库进行联合调度。剩余 16 座平原水库概化表如表 5.2 所示。

5.3.3 山区水库调节与平原水库反调节技术

1. 山区水库的调节原理

叶尔羌河流域有 2 座山区水库和 40 座平原水库，2 座山区水库下坂地水库和阿尔塔什水库的库容分别为 7.68 亿 m^3、16.55 亿 m^3，其总库容达到 24.23 亿 m^3，而 40 座平原水库总库容为 15.69 亿 m^3，远小于 2 座山区水库的库容，平原水库库容小，库容面积大，渗漏蒸发损失严重，为减少平原水库的渗漏蒸发损失，需要充分发挥山区骨干水库的调节作用。

下坂地水库位于叶尔羌河的主要支流塔什库尔干河，多年平均控制径流 10.88 亿 m^3，是以生态、灌溉供水为主的水库，发电的水量是根据下游生态、灌溉需水要求进行发电放水。阿尔塔什水库是叶尔羌河干流山区下游河段的控制性水利枢纽工程，工程为大 (1) 型 I 等工程，在保证向塔里木河生态供水和灌溉用水的前提下，满足防洪、发电等综合利用功能。下坂地水库作为叶尔羌河流域的"龙头水库"，是叶尔羌河干流阿尔塔什水库的补偿水库，对全河水量调度起着重要的作用，在调度时应该按照"丰蓄枯补"的原则，而阿尔塔什水库则是整个叶尔羌河的控制性水库，控制着叶尔羌河流域百分之九十的来水，对整个叶尔羌河流域

表 5.1　平原水库基础信息统计

备注	水库数量	水库名称	所属灌区	2009 年有效库容/10⁴ m³	2009 年对应灌区总有效库容/10⁴ m³	2025 年有效库容/10⁴ m³	2025 年对应灌区总有效库容/10⁴ m³	蓄水水源	灌区
	1	奚水库	泽普	600	600	532	600	泉水	
	2	东方红下库	莎车(西)	2800	5300	2482	4698	叶尔羌河河水	
	3	艾力西湖水库		2500		2216		叶尔羌河河水	
	4	吉仁力玛水库	麦盖提(东)	2506	2506	2134	2134	叶尔羌河河水	
	5	红海子水库	巴楚	6000	6000	5110	5110	叶尔羌河河水	叶尔羌灌区
保留水库	6	前进水库		6000	6000	5110	5110	提孜那甫河和叶尔羌河河水	
	7	小海子水库	前海	37 000	52 000	31 509	44 283	叶尔羌河河水	
	8	永安坝水库		15 000		12 774		叶尔羌河河水	
	9	苏库恰克水库	流域水库(卡群)	8800	8800	7494	7494	叶尔羌河河水	
	10	依干其水库	流域水库(依干其)	3800	3800	3236	3236	泉水和叶尔羌河河水	
	小计			85 006	85 006	72 597	72 665		

续表

备注	水库数量	水库名称	所属灌区	2009年有效库容/$10^4\mathrm{m}^3$	2009年对应灌区总有效库容/$10^4\mathrm{m}^3$	2025年有效库容/$10^4\mathrm{m}^3$	2025年对应灌区总有效库容/$10^4\mathrm{m}^3$	蓄水水源	灌区
保留水库	11	白来克其亚水库	叶城	250	820	222	727	提孜那甫河河水和泉水	提孜那甫灌区
	12	苏盖提水库		570		505		提孜那甫河河水	
	13	崇郎一库		275	1449	244	1285	泉水和乌鲁克河河水	
	14	崇郎二库		654		580		泉水和乌鲁克河河水	
	15	保拉水库		520		461		泉水和乌鲁克河河水	
	16	汗克尔水库	麦盖提（东）	2357	2357	2007	2007	提孜那甫河河水	
	小计			4626	4626	4019	4019		
	合计			89 632	89 632	76 616	76 684		

续表

水库数量	水库名称	所属灌区	2009 年有效库容/$10^4 m^3$	2009 年对应灌区总有效库容/$10^4 m^3$	2025 年有效库容/$10^4 m^3$	2025 年对应灌区总有效库容/$10^4 m^3$	蓄水水源	灌区	备注
17	东方红上库	莎车（西）	1751	5409	1552	4796	叶尔羌河河水		
18	色力勿衣水库		2587		2294		叶尔羌河河水		
19	塔合其水库		1071		950		叶尔羌河河水		
20	米吉克水库	莎车（东）	1160	2605	1028	2309	叶尔羌河河水	叶尔羌河灌区	
21	墩巴克水库		1445		1281		叶尔羌河河水		
22	卫星水库	巴楚	1350	6367	1150	5423	叶尔羌河河水		
23	草龙水库		1350		1150		叶尔羌河河水		二期废弃水库
24	邦克尔水库		3667		3123		叶尔羌河河水		
小计			14 381	14 381	12 528	12 528			
合计			104 013	104 013	89 144	89 212			

续表

水库数量	水库名称	所属灌区	总库容/$10^4 m^3$	对应灌区总库容/$10^4 m^3$	蓄水水源	灌区	备注
25	群英	泽普	1000	1000	叶尔羌河河水		
26	苏盖提	麦盖提（东）	500	900	叶尔羌河河水		
27	阿房子		400		叶尔羌河河水		
28	新留		400	2600	叶尔羌河河水	叶尔羌河灌区	一期废弃水库
29	克克力克		350		叶尔羌河河水		
30	阿克塔实	莎车（西）	350		叶尔羌河河水		
31	阿克亚克		350		叶尔羌河河水		
32	古勒巴格		650		叶尔羌河河水		

续表

备注	水库数量	水库名称	所属灌区	总库容/10^4m^3	对应灌区总库容/10^4m^3	蓄水水源	灌区
	33	特地库尔	莎平洒	500	2600	叶尔羌河河水	
	34	阿吉根		1500		叶尔羌河河水	
	35	孔雀		1500		叶尔羌河河水	
	36	约得克	巴楚	2000	7700	叶尔羌河河水	
一期废弃水库	37	东方红一号		400		叶尔羌河河水	叶尔羌河灌区
	38	东方红二号		300		叶尔羌河河水	
	39	阿泽克		1500		叶尔羌河河水	
	40	古海子		500		叶尔羌河河水	
	小计			12 200	12 200		

表 5.2　平原水库概化表

节点	水库					总库容/m^3
卡群	苏盖提水库	宗郎一库	宗郎二库	保拉水库	汗克尔水库	19 326
	桑水库	东方红下库	艾力西湖水库	苏库恰克水库	白来克其亚水库	
依干其	依干其水库	—	—	—	—	4370
中游	吉仁力玛水库	前进水库	—	—	—	8506
民生	红海子水库	—	—	—	—	6000
艾里克塔木	小海子水库	永安坝水库	—	—	—	52 000

水资源的调节、分配起着决定性的作用，水库在保证防洪的基础上，满足下游灌溉用水以及向塔里木河生态供水，并实现最大的发电效益。

综上所述，山区性水库的阿尔塔什水库和下坂地水库的水量需遵循"一水多用、先用后耗"的原则，提高水资源的利用效率。

2. 平原水库反调节原理

整个叶尔羌河流域通过 2 座山区水库以及 16 座平原水库进行联合调度，叶尔羌河流域主要来水是叶尔羌河、塔什库尔干河的来水，这部分来水先通过下坂地水库和阿尔塔什水库进行调节，即在汛期，山区水库在保证防洪的同时尽可能多地蓄水，而在供水期，在满足下游需水量的同时，通过下坂地水库和阿尔塔什水库的双库联调，尽量少地下泄弃水，让发电效益最大，这就是山区水库的初次调节 (图 5.6)。下游还有 16 座平原水库，其中一部分是反调节水库，其中反调节水库包括卡群节点的东方红下库 (2800 万 m^3)、艾力西湖水库 (2460 万 m^3)、苏库恰克水库 (8660 万 m^3)，该节点反调节水库的总库容为 13 920 万 m^3，依干其节点的反调节水库为依干其水库，其库容值为 3739 万 m^3，中游、民生、艾里克塔木节点没有反调节水库，不具备反调节能力。

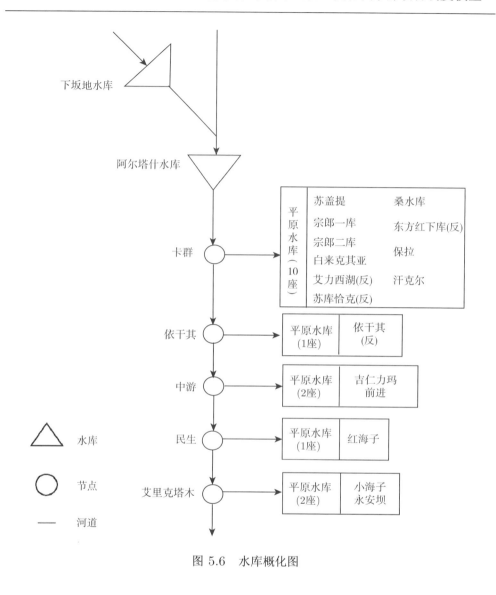

图 5.6　水库概化图

反调节水库的作用:

(1) 每年汛期 7~9 月份: ① 在丰水年, 山区水库在满足防洪的要求前提下, 在汛期末使得水库蓄满, 而多余的水则由四个反调节水库进行蓄水。② 在平水年, 山区水库在满足防洪、下游用水的条件下, 尽可能多蓄水, 若有多余的水, 则用反调节水库进行蓄水。③ 在枯水年, 山区水库在满足下游需水条件下，尽可能蓄水，反调节水库不蓄水。

(2) 在每年的 12 月 ~ 次年 2 月，下游灌溉需水量急剧地减少，但山区水库下坂地水库和阿尔塔什水库在满足保证出力的条件下，提高发电效益，对下游下泄一部分水量，而这部分水大于下游需水量，将多余的水量蓄存在反调节水库中，通过这些反调节水库的再次蓄放调节的过程，不仅提高水电站的发电效益，而且使得水资源得到高效、充分的利用。

5.3.4 调度规则

1. 山区水库调度规则

叶尔羌河流域水库群调度是一个复杂的系统工程，其复杂性体现在以下三个方面：① 本次研究对象包括 2 个山区水库，16 个平原水库，这些水库库容大小不一、调节性能各异，主要功能和承担的任务也不相同，调度时必须考虑各个水库的性能和任务。② 叶尔羌河流域山区水库调度需要考虑多方面的要求，不仅要考虑防洪、灌溉、发电需求，而且要考虑向下游进行生态输水，是一个典型的多目标问题。③ 不同目标的需求不同，目标之间相互竞争、相互矛盾、互相影响，致使调度的复杂性显著增加，也直接加大了调度风险。就发电目标而言，在满足保证出力的条件下，希望均匀泄水，尽可能维持在高水位状态运行，以提高全年的发电量，而供水目标却有一定的季节性，在用水期希望尽量多供水，不用水时少放水。灌溉用水与生态用水之间也存在矛盾，在枯水期，首先要满足农业灌溉用水需求，生态用水往往得不到保证。鉴于叶尔羌河流域水库调度的复杂性，为合理利用宝贵的水资源，尽可能满足各个用水部门的要求，迫切需要应用系统科学的方法制定叶尔羌河流域水库调度的规则，来作为调度的依据。以供水为主结合发电，且供水与发电能够结合，水库供水先经过发电再灌溉的水库群，在研究这一类型的水库群调度问题时，理论上讲应先研究发电方面的蓄放水次序，然后再检验能否满足灌溉需要，若不能满足，则视河流来水情况，调整发电用水量。当来水偏丰，可增加发电用水以满足灌溉要求；当来水偏枯，可改变或调整各水库的供水次序，以满足灌溉供水要求。

叶尔羌河流域水资源系统的核心是叶尔羌河干流的阿尔塔什水库，由该水库调蓄叶尔羌河的径流，对卡群引水枢纽进行水量补偿，然后与灌区内的平原水库联合调节后供给上、中游灌区农业灌溉；同时，向下平原水库充水，以及向塔里木河干流提供生态水，这样一个复杂的水资源系统合理运行的方式应是以综合考虑、统筹兼顾，按照可持续发展的原则，对水资源进行统一调配，使有限的水资源发挥最大的社会、经济效益和生态环境效益。

1) 汛期 7~9 月份

在丰水年，山区水库在满足防洪要求的前提下，在汛期末使得水库蓄满，而多余的水则由下游平原水库进行蓄水。

在平水年，山区水库在满足防洪、下游用水的条件下，尽可能多蓄水，若有多余的水，则用下游平原水库进行蓄水。

在枯水年，山区水库在满足下游需水条件下，尽可能蓄水，下游平原水库不蓄水。

2) 非汛期 1~2 月份

山区水库按保证出力进行发电放水，由于在此月份下游需水量较小，将多余水量由反调节水库蓄滞，用于发电用水。

3) 非汛期 10 月 ~ 次年 6 月份

在 10 月份按下游需水量进行放水，11 月 ~ 次年 2 月份，山区水库补充灌区冬灌缺水，按保证出力发电放水，多余水量充蓄卡群节点的平原水库进行反调节。在 3~6 月份山区水库按灌溉春旱需水要求放水和发电。

2. 平原水库调度规则

叶尔羌河流域由 2 座山区水库和 16 座平原水库组成,结合山区水库的运行方式,16 座平原水库的调度原则为: 尽可能地少蓄洪,在下坂地水库蓄洪后,以确保生态输水为前提,控制平原水库的蓄洪量,减少蒸发渗漏损失,缩短蓄库时间,发挥反调节水库的作用。

基于上述的平原水库的调节原则要求,结合山区水库的运行方式,平原水库的运行方式可以确定为以下两种。

1) 汛期 7~9 月份

在 7~9 月份的丰水期间,由于山区水库的蓄洪作用,平原水库可以少蓄滞洪水,在上游来水较多、满足生态供水和下游灌区用水后,将多余的水量蓄滞在平原水库中,同时在汛期末,艾里克塔木节点应当多蓄水,在供水期为灌区提供用水。

2) 非汛期 10 月 ~ 次年 6 月份

在 10~11 月,根据上游来水量和灌区需水量进行充放水,若上游来水量多,则将水量蓄滞在平原水库里,若上游来水量少,则将平原水库的水供给灌区用水,在 12 月 ~ 次年 2 月份,卡群节点和依干其节点的反调节水库蓄滞山区水库的发电放水量。在 3~6 月份春灌期,由上游来水量以及平原水库的蓄水量对灌区供水。

综上所述,按照山区水库和平原水库的调节原则和运行方式,充分利用山区水库与保留的平原水库联合调度作用,可确保叶尔羌河流域生态建设与经济发展以及塔里木河生态环境保护目标的实现。

5.3.5 水库调度模型建立以及优化算法

1. 数学模型构建

发电目标:

$$E = \max \sum_{t=1}^{12} N_t \times T_t \tag{5.1}$$

$$N_t = kq_t(H_1 - H_2 - H_3) \tag{5.2}$$

式中，E 为发电量 (kW·h)；N_t 为水轮机出力 (kW)；T_t 为时段长；H_1 为水库上游水位 (m)，根据水位库容曲线，Z~V 的关系，通过插值法求得；H_2 为水库下游水位 (m)，根据下泄流量曲线，$0 \sim H_2$ 的关系，通过插值法求得；H_3 为水库水头损失 (m)，根据水头损失流量曲线，$0 \sim H_3$ 的关系，通过插值法求得。

如果 $N_t < N_{装}$，那么此时就没有弃水，水量都经过水电站，$N = N_t$。

如果 $N_t > N_{装}$，那么此时就有弃水，此时的 $N = N_{装}$。

灌溉目标：

$$\min(w) = \sum_{i=1}^{N} \sum_{t=1}^{T} \{\theta(t)[QP(i,t) - QG(i,t)]\Delta T(t)\} \tag{5.3}$$

式中，w 为缺水量；$QP(i,t)$ 为第 i 个供水子系统第 t 时段的需水量；$QG(i,t)$ 为第 i 个供水子系统第 t 时段的供水量；i 为供水子系统的编号，根据节点图，$i = 0, 1, 2, \cdots, N$；t 为计算总时段，$t = 1, 2, 3, \cdots, T$；$\theta(t)$ 为 t 时段缺水判别系数；当 $QP(i,t) - QG(i,t) < 0$ 时，不缺水，$\theta(t)$ 为 0；当 $QP(i,t) - QG(i,t) > 0$ 时，$\theta(t)$ 为 1。

生态目标：

$$W_s = \sum_{t=1}^{12} \left[O_1(t) - \sum_{i=1}^{5} \frac{QG(i,t)}{0.9} \right] \tag{5.4}$$

式中，W_s 为生态供给量；$QG(i,t)$ 为第 i 个平原水库第 t 时段灌溉供水量；$O_1(t)$ 为阿尔塔什水库在 t 时间的下泄量。

约束条件：

1) 水量平衡约束

阿尔塔什水库约束：

$$V_{阿}(t+1) = V_{阿}(t) + [I_2(t) + O_1(t) - O_2(t)] \cdot \Delta t \tag{5.5}$$

式中, $V_阿$ 为阿尔塔什水库的库容 (m^3); O_1 为下坂地水库的下泄量 (m^3/s); O_2 为阿尔塔什水库的下泄量 (m^3/s)。

下坂地水库约束:

$$V_下(t+1) = V_下(t) + [I_1(t) - O_1(t)] \cdot \Delta t \tag{5.6}$$

式中, $V_下$ 为下坂地水库的库容 (m^3)。

概化后五个平原水库:

$$V_i(t+1) = V_i(t) + [QG_i(t) - QP_i(t)] \cdot \Delta t \quad i = 1, 2, 3, 4, 5 \tag{5.7}$$

2) 库容约束

阿尔塔什水库库容约束:

$$4.87 \times 10^8 \leqslant V_阿(t) \leqslant 16.55 \times 10^8 \quad t = 2, 3, 4, \cdots, 13 \tag{5.8}$$

下坂地水库库容约束:

$$0.75 \times 10^8 \leqslant V_下(t) \leqslant 7.68 \times 10^8 \quad t = 2, 3, 4, \cdots, 13 \tag{5.9}$$

五个平原水库库容约束:

$$
\begin{aligned}
&0 \leqslant V_1(t) \leqslant 1.9326 \times 10^8 \quad t = 2, 3, 4, \cdots, 13 \\
&0 \leqslant V_2(t) \leqslant 0.4370 \times 10^8 \quad t = 2, 3, 4, \cdots, 13 \\
&0 \leqslant V_3(t) \leqslant 0.8506 \times 10^8 \quad t = 2, 3, 4, \cdots, 13 \\
&0 \leqslant V_4(t) \leqslant 0.6 \times 10^8 \quad t = 2, 3, 4, \cdots, 13 \\
&0 \leqslant V_5(t) \leqslant 5.2 \times 10^8 \quad t = 2, 3, 4, \cdots 13
\end{aligned}
\tag{5.10}
$$

阿尔塔什水库汛限水位约束:

$$V_阿(t) \leqslant 14.534 \times 10^8 \quad t = 2, 3, 4 \tag{5.11}$$

3) 出力约束

下坂地水库出力约束：

$$N_1(t) = 0.483 \times 10^8 \quad t = 5, 6, 7, 8$$
$$0.483 \times 10^8 \leqslant N_1(t) \leqslant 1.5 \times 10^8 \quad t = 1, 2, 3, \cdots, 12 \tag{5.12}$$

式中，N_1 为下坂地水库的出力。

阿尔塔什水库出力约束：

$$N_2(t) = 1.0 \times 10^8 \quad t = 5, 6, 7, 8$$
$$1.0 \times 10^8 \leqslant N_2(t) \leqslant 6.6 \times 10^8 \quad t = 1, 2, 3, \cdots, 12 \tag{5.13}$$

式中，N_2 为阿尔塔什水库的出力。

4) 平原水库库容定约束

$$\sum_{t=5}^{8} [QG(1, t) - QP(1, t)] = 1.41 \times 10^8$$
$$\sum_{t=5}^{8} [QG(2, t) - QP(2, t)] = 0.38 \times 10^8 \tag{5.14}$$
$$\sum_{t=1}^{3} [QG(5, t) - QP(5, t)] = 5.2 \times 10^8$$

5) 水库下泄量约束

$$O_2(t) - \sum_{i=1}^{5} \frac{QP(i, t)}{0.9} \geqslant 0 \quad t = 1, 2, 3, \cdots, 12 \tag{5.15}$$

6) 生态需水量约束

$$\sum_{t=1}^{12} \left[O_2(t) - \sum_{i=1}^{5} \frac{QP(i, t)}{0.9} \right] \geqslant 9.71 \quad t = 1, 2, 3, \cdots, 12 \tag{5.16}$$

2. 优化算法

1) 优化调度模型的大系统分解协调算法

大系统分解协调算法的原理是将"大系统"分解成若干"子问题"，然后在此基础上综合考虑各个"子问题"之间的关联。这样可以减少所需内存并大大缩短计算的时间，从而达到降 "维" 的目的。"分解协调"
算法中最常见的两级协调结构如图 5.7 所示。

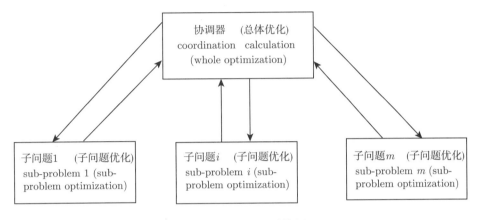

图 5.7   两级协调结构图

关联平衡法和关联预估法是大系统分解协调中两种最基本的梯阶算
法，将大系统分解为如下 m 个子问题：

$$\max\left(F_i + \sum_{i=1}^{T} \lambda_i Q_i i\right) \quad i \neq m \tag{5.17}$$

$$\max F_i \quad i = m$$

式中，$F_i = \sum_{i=1}^{T} N(i,t) \cdot \Delta t$，其他约束条件同前。对于协调器 (第二级) 有

$$Qr_i^k(t) = Q_{i-1}^k(t - \tau_i) + Qu_i(t)$$
$$\lambda_{it}^{k+1} = \sum_{j=i+1}^{n} \eta_j H_{jt}^k \tag{5.18}$$

式中，k 为迭代次数；η_j 为 j 水库的综合出力系数；H_{jt} 为 j 水库 t 时段
的水头。

具体步骤如下：

Step1：协调器拟定初 $\lambda_m^k = 0$ $\quad (m = 1,2)$，迭代次数 $k = 1$。

Step2：将 $\lambda_m^k (m = 1, 2)$ 传给下级各个子问题，然后分别对子问题用非线性规划求解，并将优化结果传给上级协调器。

Step3：判断梯级目标函数是否收敛，即约束条件的满足和目标函数的稳定。是，转入 Step4；否，调节 $\lambda_m^k (m = 1, 2)$，转向 Step2。

Step4：迭代计算停止，输入最优运行策略。

本节将系统分解为多个单库优化子问题求解，以减少计算的难度和工作量。从上述归纳的子系统优化模型可以看出，子系统中各水库间仅有流量联系，即第 $i-1$ 个水库的出库流量与第 i 个水库的入库流量之间存在关系，在求解模型时可以把子系统分解成单库子问题，通过单库优化，然后再进行协调，就可使问题大大简化。

2) 子问题求解用文化粒子群混沌算法

(1) 粒子群基本原理 (PSO)：PSO 源于对鸟群捕食行为的研究。一群鸟在随机搜寻食物，如果这个区域里只有一块食物，那么找到食物的最有效的策略就是搜寻目前离食物最近的鸟的周围区域。PSO 算法就是从这种模型中得到启示而产生的。应用 PSO 求解优化问题时，问题的解对应于搜索空间中一只鸟的位置，称这些鸟为 "粒子"。每个粒子都有自己的位置和速度，还有一个由被优化函数决定的适应值，各个粒子记忆、追随当前的最优粒子，在解空间中搜索满足要求的最优粒子。

首先，PSO 随机产生一定数量的粒子，在每一次迭代中，粒子通过跟踪两个 "极值" 来更新自己，第一个为粒子本身所找到的最优解，叫作个体极值点，用 p_i 表示其位置；另一个极值点是整个种群目前找到的最优解，叫作全局极值点，用 p_g 表示其位置。找到这两个最优解之后，粒子可根据以下两式来更新自己的位置和飞行速度。

$$
\begin{aligned}
V_i(k+1) &= wV_i(k) + c_1 r_1[p_i - X_i(k)] + c_2 r_2[p_g - X_i(k)] \\
X_i(k+1) &= X_i(k) + V_i(k+1)
\end{aligned}
\tag{5.19}
$$

式中，p_i 表示第 i 个粒子所经历过的最好的位置；p_g 表示所有粒子所经历过的最好的位置；w、c_1、c_2 是常数，$0 < c_1 < c_2 < 2$；r_1、r_2 是 [0,1] 区间均匀分布的随机数；$V_i(k)$、$V_i(k+1)$ 分别为第 i 个粒子第 k 步、第 $k+1$ 步迭代的速度；$X_i(k)$、$X_i(k+1)$ 分别为第 i 个粒子第 k 步、第 $k+1$ 步迭代的位置。

图 5.8 是水库调度大系统优化算法的示意图。

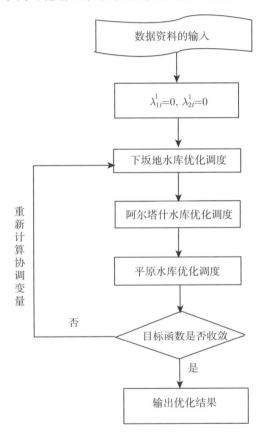

图 5.8　大系统优化算法示意图

(2) 文化算法 (CA)：通过模仿文化在自然中的演化的特征，Robert G. Reynolds 在 1994 年提出了文化算法。文化能够使种群在进化过程中更加适应外界环境，而且文化对种群适应环境的影响要比种群自然进化快得多。文化算法将种群的进化过程抽象为知识的积累，将文化演化过程抽象为个体的知识积累和种群内部知识的交互两个层面。文化算法是模拟个体和种群的双重进化过程中, 个体在吸收种群进化的知识, 并将学到的知识反馈给种群并指导种群的一系列过程后, 提出文化算法的进化框架。相比其他的进化算法, 文化算法可以显著提高算法的计算效率。文化算法的计算框架如图 5.9 所示。

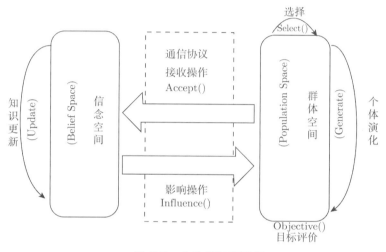

图 5.9　文化算法框架图

文化算法的计算框架包含三个部分: 群体空间 (population space), 信念空间 (belief space) 和一系列通信协议。群体空间相当于文化演化中的种群, 信念空间相当于文化演化当中的个体, 通信协议用以指导两个空间之间交换知识信息。群体空间和信念空间的进化过程彼此相互独立, 群体空间在进化的过程中产生知识, 然后按照指定的通信协议将知识传授给信念空间, 信念空间学习新的知识并形成新的经验, 然后由影响操作将新的经验反馈给群体空间, 从而改进群体空间的进化方式, 提高群体空间的进化效率。群体空间首先通过 Generate() 操作产生新的下一代个体, 然后通过 Select() 函数在新生成的种群中筛选出新的优秀个体进行下一代进化, 在当种群空间形成经验以后, 按照通信协议, 使用 Accept() 操作将知识传达给信念空间, 信念空间结合新的知识, 通过 Update() 操作更新信念空间, 当信念空间形成新的群体经验以后, 最后通过 Influence() 操作对群体空间的个体进行修改。

文化算法可以将任何基于种群进化的算法纳入群体空间的进化过程当中。文化算法提出的双种群、双进化的思想, 虽然在实现过程中, 增加了接收和影响操作以及维护群体空间和信念空间之间个体的开销, 但是文化算法通过在进化过程中提炼出知识与信念空间的进化并最终产生新的知识指导种群进化的过程, 提高了算法的搜索效率, 有利于得到更优解。

(3) 文化粒子群混沌算法 (CPSO-COA) 实现: 针对粒子群优化算法容易早熟收敛的缺点, 本章提出了一种混沌粒子群算法对此加以改进。该算法将粒子群优化算法纳入文化算法的框架中, 通过粒子群优化算法引导群体空间个体的进化, 针对文化算法的基本结构实现了群体空间和信念空间之间的通信协议, 还将混沌搜索加入到信念空间的进化结构中, 通过群体空间和信念空间的双重进化来避免算法的早熟。

信念空间的知识结构与实现:

在信念空间知识结构中, 引入了混沌局部搜索算子。混沌是一种广泛存在于世界上的一种非线性动力学现象, 本章中使用 Logistic 映射, 该方法是由 Robert May 在 1976 年提出, Logistic 的方程表示如下:

$$\beta^{k+1} = \mu\beta^k(1 - \beta^k) \tag{5.20}$$

式中, k 是迭代次数, β^k 是 0~1 的随机数, 当 $\mu = 4$ 时方程进入混沌状态, 通过方程式的迭代可以在 $(0,1)$ 的区间内生成无穷多个且永不重复的混沌序列。

文化算法中的信念空间可以使用多种方式实现, 在本章中, 信念空间由从种群中挑选出来的精英个体组成。信念空间中通过混沌局部搜索算子对精英个体进行扰动, 从而避免算法的早熟。混沌局部搜索的步骤如下:

Step 1: 初始化。令 $k = 0$，$\mu=4$，首先在 $(0,1)$ 区间内随机生成一组维数为 D 的混沌变量 β^k，其中 $\beta^k = [\beta_1^k, \beta_2^k, \cdots, \beta_j^k, \cdots, \beta_D^k]$，$\beta_j^k$ 是第 j 维的混沌变量。

Step 2: 根据 Logistic 迭代式计算 β^{k+1}。其中 $\beta^{k+1} = [\beta_1^{k+1}, \beta_2^{k+1}, \cdots, \beta_j^{k+1}, \cdots, \beta_D^{k+1}]$。

Step 3: 计算混沌搜索的搜索尺度 Pc_j。

$$Pc_j = x_{j,\min} + \beta_j^{k+1}(x_{j,\max} - x_{j,\min}) \tag{5.21}$$

式中，Pc_j 是个体第 j 维的搜索尺度；$x_{j,\max}$ 是个体第 j 维搜索尺度的最大值；$x_{j,\min}$ 是个体第 j 维搜索尺度的最小值。

Step 4: 计算每个粒子混沌搜索后的新位置。

$$x_j = (1 - \lambda_g) \times x_j + \lambda_g \times Pc_j \tag{5.22}$$

式中，λ_g 是变化因子。

Step 5: 根据混沌搜索后粒子的新位置计算适应度值。如果当前位置的适应度优于原位置的适应度值，则使用该粒子的新位置替换原位置，否则该粒子留在原位置。

Step 6: 置 $k = k + 1$，如果此时 $k > k_{\max}$，则停止当前混沌搜索，否则，转 Step 2。$k_{\max}$ 是最大混沌搜索次数。

从 Step 4 中可以得出，λ_g 决定了混沌搜索对原信念空间中粒子的搜索范围。因此，为增加混沌搜索的计算效率，引入 λ_g 的计算方程：

$$\lambda_g = 1 - \left(1 - \frac{1}{k}\right)^m \tag{5.23}$$

式中，m 是一个控制 λ_g 的变化速度的常数，且 $m > 1$，从上式中可以得出，在混沌搜索算法的初期，k 的值较小，而 λ_g 的值较大，使混沌搜索算法能够在一个较大的范围内搜索，随着搜索代数的增加，λ_g 的值减小，混沌搜索在小范围内搜索，有利于提高解的精度。

通信协议的实现:

在文化算法的计算框架中,接收操作和影响操作不仅实现了群体空间和信念空间之间的信息交互,并且能改进算法的寻优能力。接收操作和影响操作可以通过多种方式实现,本章中提出的接收操作和影响操作的过程描述如下。

接收操作:从群体空间中选出适应度值最优的 N 个粒子 (N 为信念空间的大小),将这 N 个粒子与原始信念空间合并成新的群体,在新的群体中,选择最优的 N 个粒子作为新的信念空间。

影响操作:当信念空间混沌搜索结束后,从信念空间中选出最优的 $N/2$ 的粒子,与新的群体空间合并后,去掉群体空间中适应度最差的 $N/2$ 个粒子。

文化粒子群混沌算法的流程:

混沌文化粒子群算法的计算流程如下,

Step 1:初始化群体空间、信念空间,以及粒子群算法各参数、各粒子的历史最优解、全局最优解等算法参数。置进化代数 $g=0$。

Step 2:群体空间演化。使用粒子群算法对群体空间每个粒子的速度和位置进行更新。

Step 3:判断接收操作条件是否满足。若是,转 Step 4;若否,则转 Step 7。

Step 4:通过接收操作更新信念空间。

Step 5:对信念空间执行混沌搜索。

Step 6:对群体空间执行影响操作。

Step 7:更新每个粒子的历史最优,还有种群的全局最优。

Step 8:判断是否达到最大进化代数 maxGen,如果 $g \geqslant$ maxGen,输出当前最优解,算法结束,否则,$g = g + 1$,转 Step 2。

文化粒子群混沌算法 (CPSO-COA) 的流程如图 5.10 所示。

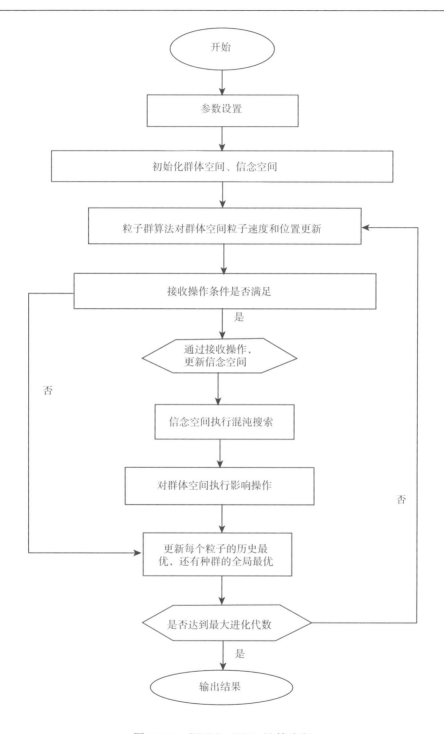

图 5.10　CPSO–COA 计算流程

5.3.6 水库群联合调度结果及分析

1. 山区水库调度结果及分析

典型年水库群调度结果：根据预测的叶尔羌河卡群站长系列径流资料，采用频率分析的方法可得：典型丰水年（$P=10\%$）为 2025 年，典型平水年（$P=50\%$）为 2041 年，典型枯水年（$P=90\%$）为 2032 年。典型丰、平、枯水年水库群调度结果如表 5.3～表 5.5。

表 5.3　丰水年调度结果表

月份	下库入库水量 /(m³/s)	下库下泄流量 /(m³/s)	下库水位 /m	下库损失水头/m	阿库入库水量 /(m³/s)	阿库下泄流量/(m³/s)	阿库水位/m	阿库损失水头/m
1	15.14	17.14	2934.83	1.35	48.43	69.36	1808.64	1.35
2	14.4	22.07	2933.99	3.18	53.34	110.03	1804.08	1.75
3	16.69	32.23	2931.98	8	60.06	87.35	1799.07	6.14
4	15.64	23.40	2929.96	5.69	50.76	102.47	1793.93	3.62
5	15.91	30.42	2927.68	5.4	83.76	122.05	1787.90	5.05
6	30.62	30.62	2926.19	5.58	181.50	334.00	1773.70	8.04
7	165.48	52.14	2936.63	21.93	826.15	458.44	1789.63	9.9
8	119.51	77.76	2949.01	1.37	795.01	744.72	1814.62	9.9
9	94.23	74.50	2953.17	3.08	558.27	531.83	1818.62	9.9
10	27.46	79.91	2951.00	1.38	172.69	343.61	1811.09	7.15
11	18.33	47.56	2945.19	1.2	98.48	115.07	1800.22	1.48
12	16.38	46.82	2940.37	1.22	82.19	122.89	1796.52	0.87

注：下库为下坂地水库，阿库为阿尔塔什水库。下坂地水库 1 月初水位为 2957m，阿尔塔什水库 1 月初水位为 1814m。下坂地水库蒸发渗漏损失为 0.4 亿 m³，阿尔塔什水库蒸发渗漏损失为 1.9 亿 m³。下坂地水库发电弃水为 0 m³，阿尔塔什水库发电弃水为 23.11 亿 m³。

表 5.4　平水年调度结果表

月份	下库入库水量 /(m³/s)	下库下泄流量 /(m³/s)	下库水位 /m	下库损失水头/m	阿库入库水量 /(m³/s)	阿库下泄流量/(m³/s)	阿库水位/m	阿库损失水头/m
1	13.1	11.20	2935.17	0.34	49.12	62.04	1808.75	0.72
2	11.85	15.66	2935.00	0.37	49.63	105.02	1804.28	1.53
3	13.1	20.52	2934.03	2.53	80.13	75.54	1799.68	2.45
4	19.16	23.06	2933.05	3.05	89.65	100.89	1795.47	2.39
5	23.71	26.42	2932.48	5.79	240.68	230.26	1787.06	8.02
6	11.31	15.00	2931.93	3.13	291.55	337.81	1771.51	9.9
7	93.83	48.02	2935.58	6.06	861.87	364.44	1789.67	9.9
8	27.12	23.26	2939.99	0.17	864.26	707.65	1816.03	9.9
9	24.09	21.43	2940.52	0.07	229.87	209.29	1820.00	7.49
10	19.35	20.93	2940.61	1.4	119.06	214.45	1814.22	8.45
11	16.24	20.92	2940.10	1.43	90.99	116.65	1806.00	1.29
12	14.56	18.18	2939.38	0.49	64.99	123.88	1800.15	1.07

注：下库为下坂地水库，阿库为阿尔塔什水库。下坂地水库 1 月初水位为 2943m，阿尔塔什水库 1 月初水位为 1804.62m。下坂地水库蒸发渗漏损失为 0.37 亿 m³，阿尔塔什水库蒸发渗漏损失为 1.85 亿 m³。下坂地水库发电弃水为 0 m³，阿尔塔什水库发电弃水为 11.84 亿 m³。

图 5.11～图 5.13 表明，下坂地水库在汛期不仅要满足提高水库水位，增大发电水头，还要和阿尔塔什水库进行联调保证阿尔塔什水库水位以及下游灌区的需水量 (图 5.14～图 5.16)。从丰平枯的调度结果来看，在丰水年和平水年由于来水相对丰富，在汛期 7～9 月份水库为提高水库水位，增大发电水头，水库入库水量大于水库下泄流量，在汛期结束后，由于来水的减少，为保证一定的出力以及下游灌区的需水量，在 10 月 ～次年 6 月份，水库的入库水量小于水库的下泄流量。

表 5.5 枯水年调度结果表

月份	下库入库水量/(m³/s)	下库下泄流量/(m³/s)	下库水位/m	下库损失水头/m	阿库入库水量/(m³/s)	阿库下泄流量/(m³/s)	阿库水位/m	阿库损失水头/m
1	11.58	13.60	2934.83	0.3	53.01	73.68	1808.65	1.08
2	10.46	18.15	2933.99	0.31	54.50	111.21	1804.11	1.74
3	10.75	21.40	2932.40	2.21	57.07	81.68	1799.27	2.46
4	11.73	18.50	2930.90	4.06	49.00	66.71	1796.52	3.01
5	18.55	26.76	2929.53	6.39	130.35	186.60	1791.71	8.83
6	91.3	37.03	2933.58	9.46	327.39	230.10	1794.38	9.9
7	73.52	51.14	2940.32	1.49	455.55	356.84	1806.43	9.9
8	43.64	29.56	2943.28	4.42	426.18	349.20	1815.99	9.9
9	23.01	29.40	2943.90	0.05	181.05	181.05	1820.00	7.49
10	18.14	20.31	2943.21	1.43	90.45	183.72	1815.14	2.01
11	15.1	19.77	2942.65	0.65	72.02	111.72	1807.98	0.47
12	13.67	25.40	2941.32	0.84	72.61	111.86	1803.35	1.12

注: 下库为下坂地水库, 阿库为阿尔塔什水库。下坂地水库 1 月初水位为 2942m, 阿尔塔什水库 1 月初水位为 1794m。下坂地水库蒸发渗漏损失为 0.35 亿 m³, 阿尔塔什水库蒸发渗漏损失为 1.7 亿 m³。下坂地水库发电弃水为 0 m³, 阿尔塔什水库发电弃水为 1.49 亿 m³。

而在枯水年由于来水量相对较小, 为保证下游灌区需水量, 7~9 月份不完全是入库水量大于下泄流量, 在 10 月 ~ 次年 1 月份由于下游灌区需水量减少, 水库为增大出力而保持一个高水头, 入库水量略低于下泄流量, 而在 2~6 月份随着下游灌区需水量的增加, 水库的下泄流量也逐渐增加。

由调度结果可以看出, 在 7、8 月份水库满足下游灌区需水量的同时, 为提高水库水位、增大发电水头, 水库的入库水量大于水库下泄流量, 随着下游灌区需水量的减少, 水库的下泄流量也一起减少, 但是为了满足一定的出力, 水库的下泄流量也维持在一定的水平, 从 3 月份起, 随着下游灌区需水量的增加, 水库的下泄流量也一起增加。

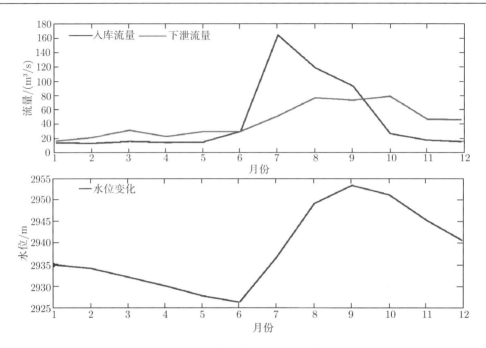

图 5.11　下坂地水库丰水年下泄流量图

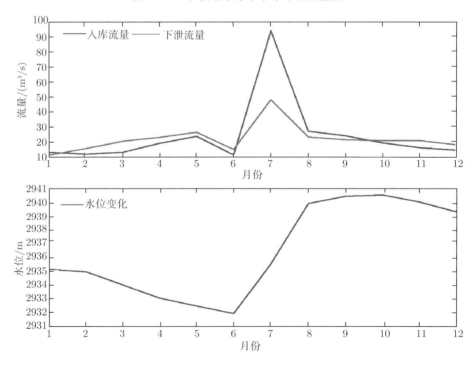

图 5.12　下坂地水库平水年下泄流量图

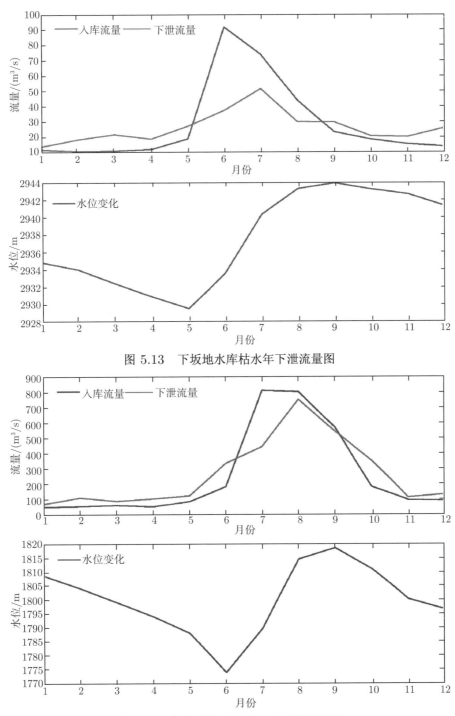

图 5.13　下坂地水库枯水年下泄流量图

图 5.14　阿尔塔什水库丰水年下泄流量图

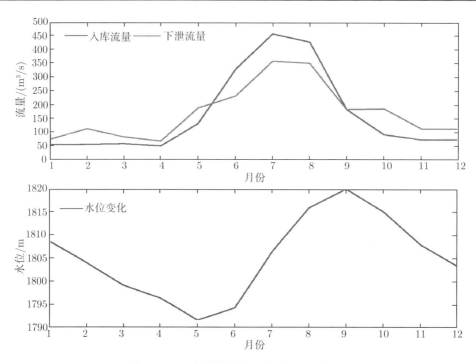

图 5.15　阿尔塔什水库平水年下泄流量图

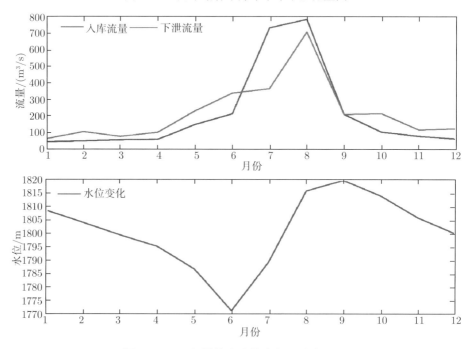

图 5.16　阿尔塔什水库枯水年下泄流量图

从图 5.11 ~ 图 5.16 可以看出,无论是在丰水年、平水年还是枯水年,下坂地水库和阿尔塔什水库的水位变化趋势是相同的,下坂地水库在汛期 7~10 月份水库水位不断增加,直到 10 月份增到最大值,此后汛期结束,由于水库入库水量的减少,水库的水位不断下降,直到次年 6 月份降到最低,阿尔塔什水库同样也是在汛期水库水位不断增加,在 9 月份增加到最大值,10 月份由于水库的入库水量减少,水库不仅要满足下游灌区的需水量还要向平原水库补给水量,故在 10 月份水库水位减少,在 11 月份之后随着下游灌区需水量的减少,水库水位又有所增加,到次年 4 月份,由于下游灌区灌溉需水量增加,水库下泄流量也随着增加,则水库水位不断减少,直到 6 月份降到最低。

结果分析:① 不论在丰水年、平水年还是枯水年,阿尔塔什水库在 7~9 月份的入库水量均大于下泄流量,而在 5、6 月份下泄流量大于入库水量,同时在丰水年的 11 月 ~ 次年 4 月份下泄流量均大于入库水量,在 12 月 ~ 次年 3 月份,下游需水量很小,而阿尔塔什水库下泄流量仍维持一定的值,这是为了满足保证出力的下泄发电用水,正符合我们的调度规程,也验证了调度计算结果的正确性。② 从中可以看出,年入库水量等于下泄流量,能保证水量平衡,另外也显示了调度结果的正确性。③ 无论是丰水年、平水年还是枯水年,下坂地水库和阿尔塔什水库其调度结果水位形状类似,调度出来的结果维持一定的稳定性,这也正说明了调度结果的正确性。④ 阿尔塔什水库库容在汛期 7~9 月份逐渐递增,在 9 月份达到最大库容,然后随着入库水量减少,同时又满足下游用水,水库库容在逐渐减小,在 11 月 ~ 次年 2 月份由于下游需水量的减小,阿尔塔什水库的下泄量也随之减少,水库保持着一定的流量是为满足保证出力的需要,随着 4 月份入库水量的增加,下泄流量也逐渐增加。综上所述,研究成果是合理可靠的。

2. 平原水库调度结果及分析

典型年水库群调度结果：根据预测的叶尔羌河卡群站长系列径流资料，采用频率分析的方法可得，典型丰水年 ($P=10\%$) 为 2025 年，典型平水年 ($P=50\%$) 为 2041 年，典型枯水年 ($P=90\%$) 为 2032 年。典型丰、平、枯水年水库群调度结果如表 5.6~表 5.8 所示。

在汛期，山区水库为了防洪、保护下游防洪区的安全，水库水位不得超过的汛限水位，在 7 月份山区水库在满足下游灌区灌溉用水、生态用水以及山区水库蓄水的同时，还将多余的水蓄到平原水库中，卡群节点、依干其节点、中游节点、民生节点以及艾里克塔木节点分别蓄水 4563.59 万 m^3、4286.51 万 m^3、4570.44 万 m^3、4563.78 万 m^3、0；同样在 8~10 月份随着山区水库水位的增加接近防洪限制水位，为保证下游防洪区的安全，山区水库继续下泄较大水量，而在满足下游灌溉以及生态用水的同时，平原水库继续蓄水，在 10 月份卡群节点、依干其节点、中游节点、民生节点以及艾里克塔木节点分别蓄水 4441.84 万 m^3、3544.42 万 m^3、4442.83 万 m^3、6000.00 万 m^3、9451.28 万 m^3；进入 11 月份和 12 月份冬灌期，随着上游来水的减少，山区水库为了保证高水位运行发电，减少下泄水量，下游灌区灌溉用水的一部分水量由下游平原水库进行供给，此时下游平原水库的需水量将会减少，从图 5.17 中可以看出，在 11 月份下游卡群节点、依干其节点、中游节点、民生节点以及艾里克塔木节点分别蓄水 910.25 万 m^3、1886.55 万 m^3、3330.05 万 m^3、5830.79 万 m^3、5763.11 万 m^3；而在 1 月份和 2 月份，随着下游需水量的减少，山区水库为保证一定的出力发电而下泄一定的流量，一部分水用于下游灌区的需水，另一部分水则蓄到反调节水库里，在 1 月份和 2 月份卡群节点和依干其节点分别蓄上游发电放水为 3098.81 万 m^3、3761.32 万 m^3；进入 3 月份，随着下游灌区需水量的增加，平原水库补充下游灌区用水，此后平原水库不

表 5.6 丰水年平原水库调度表

月份	卡群 需水/亿 m³	卡群 蓄水/万 m³	卡群 分水/亿 m³	依干其 需水/亿 m³	依干其 蓄水/万 m³	依干其 分水/亿 m³	中游 需水/亿 m³	中游 蓄水/万 m³	中游 分水/亿 m³	民生 需水/亿 m³	民生 蓄水/万 m³	民生 分水/亿 m³	艾里克塔木 需水/亿 m³	艾里克塔木 蓄水/万 m³	艾里克塔木 分水/亿 m³
1	0.17	3098.81	0.48	0.01	835.10	0.00	0.03	1764.41	0.02	0.02	4584.54	0.02	0.02	4412.77	0.01
2	0.70	0.00	0.40	0.03	3761.32	0.34	0.18	1296.01	0.14	0.12	4099.95	0.09	0.13	3911.00	0.10
3	3.47	18 383.72	5.35	0.16	2012.04	0.00	0.70	0.00	0.57	0.48	0.00	0.08	0.55	0.00	0.16
4	4.23	0.00	2.48	0.19	0.00	0.00	0.89	0.00	0.89	0.78	0.00	0.78	0.46	0.00	0.46
5	3.44	0.00	3.44	0.15	0.00	0.15	0.87	0.00	0.87	0.73	0.00	0.73	0.48	0.00	0.48
6	5.57	0.00	5.57	0.25	0.00	0.25	1.22	0.00	1.22	0.90	0.00	0.90	0.86	15.55	0.87
7	6.08	4563.59	6.56	0.28	4286.51	0.73	1.59	4570.44	2.07	1.05	4563.78	1.53	1.29	0.00	1.29
8	7.29	19 326.00	9.00	0.31	4370.00	0.41	2.38	0.00	1.97	1.78	0.00	1.37	1.65	0.00	1.65
9	5.29	0.58	3.46	0.25	1532.46	0.00	0.82	0.00	0.82	0.71	0.00	0.71	0.41	11 603.15	1.62
10	1.40	4441.84	1.86	0.07	3544.42	0.29	0.21	4442.83	0.68	0.18	6000.00	0.81	0.11	9451.28	0.00
11	3.45	910.25	3.11	0.15	1886.55	0.00	0.72	3330.05	0.63	0.62	5830.79	0.63	0.37	5763.11	0.04
12	2.00	0.00	1.91	0.09	930.93	0.00	0.63	1877.18	0.49	0.43	4754.09	0.34	0.49	4559.22	0.38

表 5.7　平水年平原水库调度表

月份	卡群 需水 /亿 m³	卡群 蓄水 /万 m³	卡群 分水 /亿 m³	依干其 需水 /亿 m³	依干其 蓄水 /万 m³	依干其 分水 /亿 m³	中游 需水 /亿 m³	中游 蓄水 /万 m³	中游 分水 /亿 m³	民生 需水 /亿 m³	民生 蓄水 /万 m³	民生 分水 /亿 m³	艾里克塔木 需水 /亿 m³	艾里克塔木 蓄水 /万 m³	艾里克塔木 分水 /亿 m³
1	0.17	288.25	0.19	0.01	77.68	0.02	0.03	342.24	0.07	0.02	340.08	0.06	0.02	625.57	0.02
2	0.70	75.00	0.68	0.03	471.11	0.07	0.18	0.00	0.14	0.12	0.00	0.09	0.13	568.46	0.13
3	3.47	393.48	3.50	0.16	358.46	0.15	0.70	390.45	0.74	0.48	390.40	0.52	0.55	448.30	0.54
4	4.23	0.00	4.19	0.19	0.00	0.16	0.89	0.00	0.86	0.78	0.00	0.74	0.46	346.73	0.45
5	3.44	0.00	3.44	0.15	0.00	0.15	0.87	0.00	0.87	0.73	0.00	0.73	0.48	12.61	0.45
6	5.57	0.00	5.57	0.25	0.00	0.25	1.22	0.00	1.22	0.90	0.00	0.90	0.86	0.60	0.86
7	6.08	5750.92	6.68	0.28	4370.00	0.74	1.59	8506.00	2.48	1.05	6000.00	1.68	1.29	9486.21	2.29
8	7.29	2523.96	7.05	0.31	2676.23	0.21	2.38	3548.15	2.01	1.78	3814.55	1.66	1.65	3810.16	1.22
9	5.29	0.00	5.05	0.25	0.00	0.00	0.82	0.00	0.48	0.71	0.00	0.35	0.41	1079.39	0.16
10	1.40	1152.10	1.52	0.07	577.41	0.13	0.21	1466.67	0.36	0.18	1505.68	0.34	0.11	878.62	0.10
11	3.45	376.89	3.38	0.15	509.23	0.15	0.72	492.58	0.63	0.62	582.28	0.53	0.37	762.19	0.36
12	2.00	0.00	1.96	0.09	0.00	0.04	0.63	0.00	0.58	0.43	0.00	0.37	0.49	644.64	0.48

表 5.8 枯水年平原水库调度表

月份	卡群需水 /亿 m³	卡群蓄水 /万 m³	卡群分水 /亿 m³	依干其需水 /亿 m³	依干其蓄水 /万 m³	依干其分水 /亿 m³	中游需水 /亿 m³	中游蓄水 /万 m³	中游分水 /亿 m³	民生需水 /亿 m³	民生蓄水 /万 m³	民生分水 /亿 m³	艾里克塔木需水 /亿 m³	艾里克塔木蓄水 /万 m³	艾里克塔木分水 /亿 m³
1	0.17	0.18	0.17	0.01	0.18	0.01	0.03	0.35	0.03	0.02	0.08	0.02	0.02	0.31	0.02
2	0.70	0.22	0.70	0.03	0.22	0.03	0.18	0.35	0.18	0.12	0.18	0.12	0.13	0.24	0.13
3	3.47	0.28	3.47	0.16	0.08	0.16	0.70	0.28	0.70	0.48	0.28	0.48	0.55	0.29	0.55
4	4.23	0.28	4.23	0.19	0.15	0.19	0.89	0.27	0.89	0.78	0.28	0.78	0.46	0.30	0.46
5	3.44	0.26	3.44	0.15	0.17	0.15	0.87	0.26	0.87	0.73	0.28	0.73	0.48	0.20	0.48
6	5.57	0.26	5.57	0.25	0.25	0.25	1.22	0.27	1.22	0.90	0.28	0.90	0.86	0.17	0.86
7	6.08	0.52	6.08	0.28	0.18	0.28	1.59	0.18	1.59	1.05	0.25	1.05	1.29	0.07	1.29
8	7.29	0.28	7.29	0.31	0.23	0.31	2.38	0.22	2.38	1.78	0.14	1.78	1.65	0.26	1.65
9	5.29	0.36	5.29	0.25	0.31	0.25	0.82	0.28	0.82	0.71	0.28	0.71	0.41	0.34	0.41
10	1.40	0.28	1.40	0.07	0.34	0.07	0.21	0.28	0.21	0.18	0.34	0.18	0.11	0.28	0.11
11	3.45	0.10	3.45	0.15	0.12	0.15	0.72	0.28	0.72	0.62	0.28	0.62	0.37	0.28	0.37
12	0.17	0.18	0.17	0.01	0.18	0.01	0.03	0.35	0.03	0.02	0.08	0.02	0.02	0.31	0.02

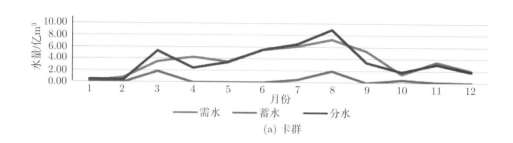

(a) 卡群

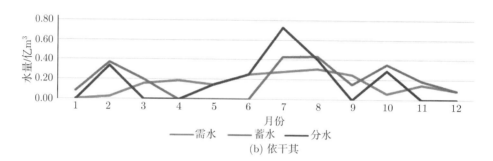

(b) 依干其

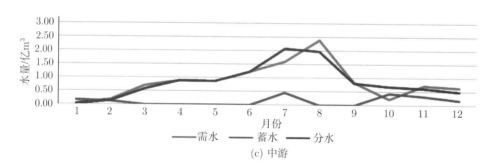

(c) 中游

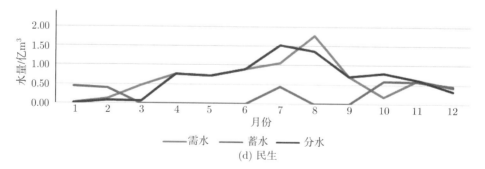

(d) 民生

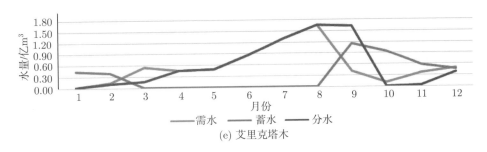

(e) 艾里克塔木

图 5.17 丰水年五个节点水量分配图

再蓄水,在 3~6 月份,平原水库的蓄水几乎都为零。平原水库的反调度结果与设置的调度原则完全符合,以此看出调度结果的合理性和正确性,山区水库的调节作用和平原水库的反调节作用大大提高了叶尔羌河流域水资源的利用效率。

5.4 本 章 小 结

针对气候变化条件下干旱内陆河流域水资源综合利用的难点,在分析叶尔羌河流域的水资源的时空分布、灌溉需水量、生态需水量以及水利工程的分布情况的基础上,通过概化处理构建灌溉、生态、发电不同层次需求的综合目标函数,以山区枢纽水库(下坂地水库、阿尔塔什水库)以及 40 座平原水库为调节手段,将粒子群算法和混沌算法进行结合,提出文化粒子群混沌算法和大系统协调分解算法框架,构建适应气候变化的叶尔羌河流域山区水库调节–平原水库反调节模型,并对山区水库和平原水库的调度结果进行了合理性分析,实现了流域多目标的水资源集成调度,提高了叶尔羌河流域水资源的利用效率。

第6章 气候变化条件下联合调度的综合效益分析

6.1 引 言

随着水资源的不断开发利用，往往在一条河流上或一个流域内建成一批水库，形成了水库群，如黄河上游、长江上游和清江梯级水库群等。从保障流域可持续发展和维护河流健康出发，需要建立兴利、减灾与生态协调统一的水库综合调度运用方式，这些水库调度运用要纳入到全流域的统一调配，从而实现流域水资源的优化配置。原有的单库分散调度方式在进行防洪和兴利调度的同时，没有考虑其对水库群以及整个流域的影响，不利于流域内水利综合效益的发挥。水库群的形成，改变了原来单库或少库的水力条件，各水库之间存在相互影响，这就需要在全流域的高度，采取联合调度的方式，开展水库群优化调度，在保证安全的基础上发挥最大的"群体"效益。

水库群作为一个系统、一个整体，其效益不再是各水库效益的简单相加，而应大于各水库效益之和。水库群的联合调度利用各水库在水文径流特性和水库调节能力等方面的差别，通过统一调度，在水力、水量等方面取长补短，提高流域水资源的社会、经济与环境效益。近年来，通过水库群的联合调度运用，进行调水调沙、水量调度、防洪调度、兴利调度等，对优化配置水资源，保护生态环境，维护河流健康，促进社会经济的健康发展等都发挥了重要作用，社会、经济和生态效益显著。

6.2 水库群联合调度综合效益分析

本章利用全球气候模式中 BCC-CSM1.1,选择 RCP2.6、RCP4.5 和 RCP8.5 情景,并设置三个方案,进行调度模型的综合效益对比,以剖析山区–平原水库联合调度模型在气候变化环境下的潜在综合效益。

在下坂地水库未建成前,40 座平原水库进行联合调度,对叶尔羌河流域水资源进行优化配置,但平原水库多建设于地势平坦处,水面面积大、水深浅,由蒸发引起的水库损失量较大,水资源利用率低。随着下坂地水库的建成,对平原水库进行废弃,将已经老化失修、淤积严重,成为病险水库,无法继续承担起调蓄水量作用的 16 座平原水库进行废弃,剩余的 24 座平原水库和下坂地水库进行联合调度。随着阿尔塔什水库的建成,平原水库会再废弃 8 座,剩余 16 座平原水库与下坂地水库、阿尔塔什水库进行联合调度,这 16 座平原水库的库容为 7.7 亿 m^3,为了体现出山区水库与平原水库的联合调节与反调节作用,减少平原水库的蒸发渗漏损失,提高水资源的利用率,选择三个研究方案 (水利部新疆维吾尔自治区水利水电勘测设计研究院,2005),对三个方案在不同气候情景模式下进行调度计算,分析不同调度模式的防洪减灾效益、节水灌溉效益、生态效益以及发电效益。

1) 方案一:40 座平原水库

40 座平原水库现状的有效库容为 15.75 亿 m^3,其中有经济效益低、工程质量差、寿命短的小型水库,平原水库的蒸发渗漏损失较大。

2) 方案二:1 座山区水库和 24 座平原水库

山区水库为下坂地水库,总库容为 7.68 亿 m^3,24 座平原水库现状的有效库容为 10.40 亿 m^3,考虑平原水库的自然淤积,到 2020 年的有效库容为 8.95 亿 m^3。

3) 方案三：2 座山区水库和 16 座平原水库

2 座山区水库分别为下坂地水库和阿尔塔什水库，下坂地水库总库容为 7.68 亿 m^3，阿尔塔什水库总库容为 16.55 亿 m^3。考虑平原水库的自然淤积，2020 年 16 座平原水库的有效库容为 7.69 亿 m^3。

根据以上描述的方案，在 RCP2.6、RCP4.5、RCP8.5 情景下，在后文中分别对防洪减灾效益、节水灌溉效益、生态环境效益以及发电效益进行阐述。

6.2.1　气候变化条件下联合调度的防洪减灾效益

根据叶尔羌河流域突发性洪水发生频率趋势线 (孙桂丽等，2010)，现状年冰川阻塞洪水达到 1.5 次，在 2020s (2010~2030 年) RCP2.6、RCP4.5、RCP8.5 的情景下气温分别升高 0.52 ℃、1.03 ℃、1.85 ℃，冰川阻塞洪水分别增加 1.9 次、2.28 次、2.91 次，在 2040s(2030~2050 年) RCP2.6、RCP4.5、RCP8.5 的情景下气温分别升高 0.63 ℃、1.25 ℃、2.25 ℃，冰川阻塞洪水分别增加 1.98 次、2.45 次、3.21 次。目前叶尔羌河出山口的河道无重大灾害的洪峰流量约为 1750m^3/s，尚达不到抵御 2.5 年一遇洪水水平。通过山区-平原水库群的联合调度与工程措施相结合，将显著解决叶尔羌河的洪灾问题。

根据叶尔羌河流域规划报告记载的十余场洪水造成的经济损失，平均每场洪水造成的直接经济损失约 4528 万元 (水利部新疆维吾尔自治区水利水电勘测设计研究院，2005)，通过山区-平原水库群的联合调度以及与堤防工程相结合，与现状相比，新增防洪减灾效益如表 6.1 所示。

由表 6.1 可以看出，在同一情景下，随着时间的增加，温度增加幅度加大，洪水灾害次数也增加。同时，在同一时段，不同情景下，温度增加幅度也加大，洪水灾害次数增加。通过对比可知，方案三(山区-平原

时间	方案	RCP2.6				RCP4.5				RCP8.5			
		升温幅度/℃	次数	新增效益(静态)/亿元	新增效益(动态)/亿元	升温幅度/℃	次数	新增效益(静态)/亿元	新增效益(动态)/亿元	升温幅度/℃	次数	新增效益(静态)/亿元	新增效益(动态)/亿元
2020s	方案一	0.52	1.9	0.32	1.9	1.03	2.28	0.58	3.45	1.85	2.91	0.69	4.1
	方案二	0.52	1.9	0.56	3.33	1.03	2.28	0.88	5.23	1.85	2.91	1.11	6.59
	方案三	0.52	1.9	0.86	5.11	1.03	2.28	1.03	6.12	1.85	2.91	1.32	7.84
2040s	方案一	0.63	1.98	0.45	5.99	1.25	2.45	0.67	8.91	2.25	3.21	0.88	11.7
	方案二	0.63	1.98	0.63	8.38	1.25	2.45	0.92	12.24	2.25	3.21	1.31	17.42
	方案三	0.63	1.98	0.9	11.97	1.25	2.45	1.11	14.76	2.25	3.21	1.45	19.29

注：动态效益核算考虑通货膨胀的影响，通胀率参照历史时期多年平均值，下同。

水库的调节与反调节联合调度), 可产生最大的经济效益。在 2020s, 新增防洪减灾静态效益在 0.86 亿 ~1.32 亿元, 动态效益在 5.11 亿 ~7.84 亿元。到 2040s, 新增防洪减灾静态效益最大达到 1.45 亿元, 新增防洪减灾动态效益最大达到 19.29 亿元。

综上可知, 山区–平原水库群的联合调度具有较大的防洪减灾效益。

6.2.2 气候变化条件下联合调度的节水灌溉效益

1. 山区–平原水库联合调度节水量分析

通过研究气候变化条件下叶尔羌河流域平原水库的水面蒸发, 将研究结果输入山区水库与平原水库联合调度模型中, 分别求出三个方案在 2020s、2040s 两个时段不同情景下的平原水库蒸发渗漏损失量, 结果如表 6.2 所示。将 2020s 时段的蒸发渗漏损失量用趋势图表示, 如图 6.1 所示。

表 6.2 不同方案下平原水库蒸发渗漏损失量

时间	方案	RCP2.6	RCP4.5	RCP8.5
2020s	方案一	6.12	6.20	6.29
	方案二	4.04	4.11	4.15
	方案三	3.16	3.19	3.21
2040s	方案一	6.14	6.25	6.30
	方案二	4.05	4.14	4.15
	方案三	3.17	3.21	3.21

由表 6.2 可知, 随着时间的增加, 平原水库的蒸发渗漏损失量呈现小幅增加的趋势, 这是由于随着时间的增加, 温度增高, 蒸发量加大, 平原水库的蒸发渗漏损失量加大。

由图 6.1 可以看出, 研究方案三的平原水库损失量最小, 在现状年损失量为 3.12 亿 m³, 分别比方案一和方案二减小了 2.83 亿 m³、0.84

亿 m³，由此可以看出，通过山区水库和平原水库的联合调度可以大大地减小水库的蒸发渗漏损失量，从而提高水资源利用效率。同时可知在不同情景下，水库的损失量不同，是由于气温的升高，水面蒸发能力增强，水库的蒸发渗漏损失量加大。

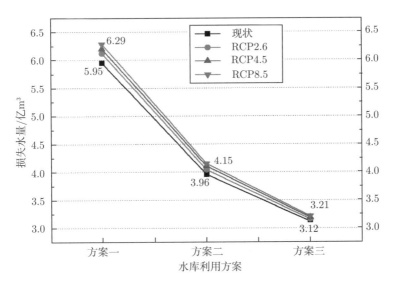

图 6.1　2020s 不同方案下平原水库蒸发渗漏损失量

2. 节水效益分析

在没有山区水库，仅有 40 座平原水库联合配置水资源时，平原水库多年年平均蒸发渗漏损失为 6.13 亿 m³(水利部新疆维吾尔自治区水利水电勘测设计研究院，2005)，以此方案为基准，研究方案一、方案二和方案三的蒸发渗漏损失量的减少量分别为 0.18 亿 m³、2.17 亿 m³ 和 3.01 亿 m³。叶尔羌河流域灌区为灌溉农业区，是全国第四大灌区，属于新疆最大的灌区。该项目区现状为靠水吃饭的旱作农业，通过本书研究方案的实施，可将减少的水量损失用于农田灌溉。现状多为种植小麦、玉米、棉花等作物，其中新疆棉花总产占全国的 53.9%，棉花收入占农民总收入的 35% 以上，南疆棉花主产县更是占到 50%~70%，2013 年新疆棉花平均亩产近 334kg。根据目前新疆农业灌溉平均用水量 677.9m³/亩 (李世祥等，2008)，棉花价格市场价为 6.5 元/kg、兵团收购价为 8.5 元/kg 计算，市场棉花与兵团棉花比例为 1:3。在没有山区水库，仅有 40 座平原水库的联合配置水资源时，平原水库多年年平均蒸发渗漏损失为 6.13 亿 m³ (水利部新疆维吾尔自治区水利水电勘测设计研究院，2005)，以此为作为核算增量的基准。在 2020s、2040s 两个时段，在 RCP2.6、RCP4.5、RCP85 情景下，与现状相比，方案一、方案二、方案三的新增经济效益计算结果如表 6.3 所示。表中经济效益由因减少水量损失 (河道渗漏损失、平原水库蒸发渗漏损失) 而产生的新增水量折合成可满足灌溉棉花所产生的产值。

由表 6.3 可以看出，在同一情景下，随着时间的增加，新增水量呈增加趋势，其中方案三的新增水量最大。同时，在同一时段，不同情景下，新增水量也呈增加趋势，方案三的新增水量最显著。通过气候变化条件下山区–平原水库群联合调度，新增水量最大，同时经济效益最显著。到 2040s 在 RCP8.5 的情景下，新增水量达到 6.56 亿 m³，新增直接经济效益 10.37 亿元。

相比于现状，三种方案在未来的水资源利用率提高值见表 6.4 (利用率提高值由新增水量与总量比值计算所得)。由表 6.4 可以看出，在同一时段、同一情景下，方案一、方案二、方案三的水资源利用率增加幅度呈增大趋势，其中方案三的水资源利用率的增加幅度最大，平均达到 9.79%(2020s) 和 9.78%(2040s)，方案一的水资源利用率增加幅度最小，平均为 0.29%(2020s) 和 0.25%(2040s)。由此可见，气候变化条件下山区–平原水库群的联合优化调度 (方案三) 的水资源利用率最高，在 2020s 时间段 RCP2.6、RCP4.5、RCP8.5 情景下水资源利用率分别提高 9.70%、9.78%、9.89%，方案三比其他方案的水资源利用率有显著地提高。

表 6.3   新增经济效益计算表

时间	方案	RCP2.6		RCP4.5		RCP8.5	
		新增水量 /亿 m³	新增效益 /亿元	新增水量 /亿 m³	新增效益 /亿元	新增水量 /亿 m³	新增效益 /亿元
2020s	方案一	0.19	0.30	0.19	0.30	0.19	0.30
	方案二	4.11	6.50	4.12	6.52	4.17	6.59
	方案三	6.44	10.18	6.49	10.26	6.56	10.37
2040s	方案一	0.17	0.27	0.14	0.22	0.18	0.28
	方案二	4.10	6.48	4.09	6.47	4.17	6.59
	方案三	6.43	10.17	6.47	10.23	6.56	10.37

表 6.4   水资源利用率提高值(平原水库及河道新增水量)

时间	方案	水资源利用率提高值/%		
		RCP2.6	RCP4.5	RCP8.5
2020s	方案一	0.29	0.29	0.29
	方案二	6.19	6.21	6.28
	方案三	9.70	9.78	9.89
2040s	方案一	0.26	0.21	0.27
	方案二	6.18	6.16	6.28
	方案三	9.69	9.75	9.89

综上所述，气候变化条件下山区–平原水库群的联合优化调度不仅可以减小水库的蒸发渗漏损失，提高水资源利用率，而且可产生较大经济效益。

6.2.3   气候变化条件下联合调度的生态环境效益

通过研究气候变化条件下叶尔羌河流域平原水库水面蒸发以及山区来水径流，将研究结果代入山区水库与平原水库联合调度模型中，分别求出三个方案在 2020s、2040s 两个时段不同气候模式情景下的生态补水量，结果如表 6.5 所示。

表 6.5　生态效益计算表　　　　　(单位: 亿 m^3)

时间	方案	RCP2.6		RCP4.5		RCP8.5	
		生态水量	新增生态水量	生态水量	新增生态水量	生态水量	新增生态水量
2020s	方案一	9.15	1.58	10.65	3.08	11.44	3.87
	方案二	11.75	4.18	13.68	6.11	14.69	7.12
	方案三	13.21	5.64	15.38	7.81	16.52	8.95
2040s	方案一	9.98	2.41	11.62	4.05	12.48	4.91
	方案二	12.82	5.25	14.92	7.35	16.03	8.46
	方案三	14.41	6.84	16.78	9.21	18.02	10.45

注: 现状多年平均年生态补水量为 7.57 亿 m^3。

由表 6.5 可以看出, 在同一方案、同一情景下, 随着时间的增加, 生态补水量呈增加趋势, 到 2040s 时段, 生态补水量达到最大, 在 RCP2.6 情景下方案一、方案二、方案三的生态补水量分别达到 9.98 亿 m^3、12.82 亿 m^3、14.41 亿 m^3, 其中方案三的生态补水量最大。同时, 在同一方案、相同时段, 不同情景下, 生态补水量也呈增加趋势, 如方案三在 2020s 时段内 RCP2.6、RCP4.5、RCP8.5 的情景下生态补水量分别为 13.21 亿 m^3、15.38 亿 m^3、16.52 亿 m^3, 在 RCP8.5 的情景下的生态补水量最大。综上, 三个方案中, 实施气候变化条件下山区-平原水库群联合调度, 向下游提供生态补水量最大, 产生的生态环境效益最显著。

相比于现状, 三种方案在未来的水资源利用率提高值见表 6.6 (利用率提高值由新增水量与总量比值计算所得)。由表 6.6 可以看出, 在同一时段、同一情景下, 方案一、方案二、方案三的水资源利用率增加幅度呈增大趋势, 其中方案三的水资源利用率的增加幅度最大, 平均达到 7.56%(2020s) 和 7.90%(2040s), 方案一的水资源利用率增加幅度最小, 平均为 2.12%(2020s) 和 2.79%(2040s), 由此可见, 气候变化条件下山区-平原水库群的联合优化调度 (方案三) 的水资源利用率最高, 在 2020s 时间段 RCP2.6、RCP4.5、RCP85 情景下水资源利用率分别达到

7.27%、7.63%、7.78%，方案三比其他方案的水资源利用率有显著提高。

表 6.6 水资源利用率提高值(生态补水增加量)

时间	方案	水资源利用率提高量/%		
		RCP2.6	RCP4.5	RCP8.5
2020s	方案一	2.04	2.14	2.18
	方案二	5.38	5.65	5.76
	方案三	7.27	7.63	7.78
2040s	方案一	2.68	2.81	2.87
	方案二	5.83	6.12	6.24
	方案三	7.60	7.98	8.13

6.2.4 气候变化条件下联合调度的发电效益

通过研究气候变化条件下叶尔羌河流域平原水库水面蒸发以及山区来水径流，将研究结果输入山区水库与平原水库联合调度模型中，分别求出三个方案在 2020s、2040s 两个时段不同气候模式情景下的发电效益，电价按水电站供向电网价格 0.23 元/(kW·h) 为准。参照历史电价多年平均年增长率 0.02% 计算动态效益，结果如表 6.7 所示。

表 6.7 新增发电效益对比分析

时间	方案	RCP2.6			RCP4.5			RCP8.5		
		发电量/(亿 kW·h)	新增发电效益(静态)/亿元	新增发电效益(动态)/亿元	发电量/(亿 kW·h)	新增发电效益(静态)/亿元	新增发电效益(动态)/亿元	发电量/(亿 kW·h)	新增发电效益(静态)/亿元	新增发电效益(动态)/亿元
2020s	方案一	0.00	0.00	0.00	0.00	0.00	0.00	0.00	0.00	0.00
	方案二	4.80	0.04	0.05	4.94	0.08	0.10	5.08	0.11	0.13
	方案三	26.22	5.08	6.10	26.97	5.25	6.30	27.73	5.43	6.52
2040s	方案一	0.00	0.00	0.00	0.00	0.00	0.00	0.00	0.00	0.00
	方案二	4.90	0.07	0.11	5.04	0.10	0.15	5.22	0.14	0.21
	方案三	26.72	5.19	7.79	27.48	5.37	8.06	28.49	5.61	8.42

注：现多年平年山区水库发电量为 4.62 亿 kW·h，平原水库发电量较小，此处重点分析山区水库。

由表 6.7 可以看出，在同一方案、同一情景下，随着时间的增加，发电量呈增加趋势，到 2040s 时段，发电量达到最大，在 RCP2.6 情景下方案一、方案二、方案三的发电量分别达到 0、4.90 亿 kW·h、26.72 亿 kW·h，其中方案三的发电量最大。同时，在同一方案、相同时段，不同情景下，发电量也呈增加趋势，如方案三在 2020s 时段内 RCP2.6、RCP4.5、RCP8.5 的情景下发电量分别为 26.22 亿 kW·h、26.97 亿 kW·h、27.73 亿 kW·h，在 RCP8.5 的情景下的发电量最大。综上，三个方案中，实施气候变化条件下山区–平原水库群联合调度，发电效益最大。

6.3　本 章 小 结

本章以历史 (1975~2005 年) 多年平均的发电效益、节水灌溉效益以及水资源利用率为基准，计算了不同方案、不同气候情景下新增发电效益、新增节水灌溉效益以及水资源利用率提高值 (表 6.8～表 6.10)。由计算结果，认为山区–平原水库调节与反调节的联合调度技术 (方案三) 能够较好地满足灌溉需水量和生态需水量，能够产生较大的发电及农业增产效益，且可以较为明显地提高叶尔羌河流域的水资源综合利用率。

在 RCP2.6 情景下，方案三 (山区–平原水库调节与反调节联合调度) 的综合效益最显著，新增发电效益从 6.1 亿元到 7.79 亿元，新增生态补水量从 5.64 亿 m³ 到 6.84 亿 m³，新增节水灌溉效益大概为 10 亿余元 (农业发挥基础保障作用，价格较为稳定，核算效益未考虑未来价格变化，此处为静态效益)，水资源利用率增加值为 16.97%～17.29%。

表 6.8　RCP2.6 情景下不同方案综合效益对比

时间	方案	新增发电 效益/亿元	新增节水灌溉 效益/亿元	新增生态 补水量/亿 m^3	水资源利用率 增加值/%*
2020s	方案一	0	0.3	1.58	2.33
	方案二	0.05	6.5	4.18	11.57
	方案三	6.1	10.18	5.64	16.97
2040s	方案一	0	0.27	2.41	2.94
	方案二	0.11	6.48	5.25	12.01
	方案三	7.79	10.17	6.84	17.29

* 此处水资源利用率增加值不包括发电效率，下同。

表 6.9　RCP4.5 情景下不同方案综合效益对比

时间	方案	新增发电 效益/亿元	新增节水灌溉 效益/亿元	新增生态 补水量/亿 m^3	水资源利用率 增加值/%
2020s	方案一	0	0.3	3.08	2.43
	方案二	0.1	6.52	6.11	11.86
	方案三	6.3	10.26	7.81	17.41
2040s	方案一	0	0.22	4.05	3.02
	方案二	0.15	6.47	7.35	12.28
	方案三	8.06	10.23	9.21	17.73

表 6.10　RCP8.5 情景下不同方案综合效益对比

时间	方案	新增发电 效益/亿元	新增节水灌溉 效益/亿元	新增生态 补水量/亿 m^3	水资源利用率 增加值/%
2020s	方案一	0	0.3	3.87	2.47
	方案二	0.13	6.59	7.12	12.04
	方案三	6.52	10.37	8.95	17.67
2040s	方案一	0	0.28	4.91	3.14
	方案二	0.21	6.59	8.46	12.52
	方案三	8.42	10.37	10.45	18.02

在 RCP4.5 情景下，方案三 (山区–平原水库调节与反调节联合调度) 的综合效益最显著，新增发电效益从 6.3 亿元到 8.06 亿元，新增生态补水量从 7.81 亿 m^3 到 9.21 亿 m^3，新增节水灌溉效益大概为 10 亿余元 (农业发挥基础保障作用，价格较为稳定，核算效益未考虑未来价格变化，此处为静态效益)，水资源利用率增加值为 17.41%～17.73%。

在 RCP8.5 情景下，方案三 (山区水库–平原水库调节与反调节联合调度) 的综合效益最显著，新增发电效益从 2020s 的 6.52 亿元到 2040s 的 8.42 亿元，新增生态补水量从 8.95 亿 m^3 到 10.45 亿 m^3，新增节水灌溉效益大概为 10 亿余元 (农业发挥基础保障作用，价格较为稳定，核算效益未考虑未来价格变化，此处为静态效益)，水资源利用率增加值为 17.67%～18.02%。

综上所述，通过对比分析三个方案在不同时段和不同情景下综合效益，方案三 (山区–平原水库调节与反调节联合调度) 的综合效益在三个方案中最显大，而且水资源利用率提高最显著，因此推荐方案三作为流域的联合调度方案。

第7章 结论与展望

7.1 本书主要成果

通过山区-平原水库调节与反调节联合调度技术可产生巨大的防洪、灌溉、发电、生态效益,显著提高叶尔羌河流域的水资源利用率。根据分析,采用传统方法调度,叶尔羌河流域平原水库多年平均蒸发渗漏损失高达 6.13 亿 m³,且在气候变化条件下蒸发渗漏损失呈现增加趋势,现状年远不能满足灌溉要求以及向塔里木河下游生态供水 3.2 亿 m³ 的目标。应用本书技术通过增加对洪水资源的拦蓄利用、减小平原水库的蒸发渗漏损失以及对水资源、水能资源的合理优化调度,从而显著地提高水资源利用率,在 2010~2030 年仅考虑灌溉、生态情形下,叶尔羌河流域水资源综合利用率在 RCP2.6 情景下可提高 16.97%,RCP4.5 情景下提高 17.41%,RCP8.5 情景下提高 17.67%;在同时考虑防洪、发电、灌溉和生态效益时,2010~2030 年,叶尔羌河流域水资源综合利用率在 RCP2.6 情景下可提高 33.68%,RCP4.5 情景下提高 37.13%,RCP8.5 情景下提高 42.76%,显著提高了现有防洪保证水平、灌溉保证率、发电增收效益和下游生态供水能力。根据新疆已建和在建水利工程现状,保守估计本书技术如推广到全疆可新增水量 40 多亿 m³,对新疆维吾尔自治区政府提出的"新增 100 亿 m³ 水量目标"贡献显著,同时提高了气候变化条件下保障新疆水安全的应对能力。

1) 防洪效益

叶尔羌河流域洪害问题较为突出,主要有两种形式,一是融雪型洪水,二是融雪及溃坝的叠加型洪水。融雪型洪水是流域内发生最多的洪水, 其特点是洪水历时长, 洪峰起涨慢, 洪峰量大而峰不高。融雪及溃坝叠加型洪水属晚期洪水, 其特点是无规律、无先兆、起涨快、过程短, 呈单峰、峰高而量不大, 破坏性大。洪水来时冲毁建筑物, 主河道改道, 堤坝溃决, 淹没农田、村庄, 威胁沿河一些骨干水利工程的安全, 给灌区造成极大的破坏, 给灌区人民生产及生活造成了极大的影响和破坏。通过山区–平原水库群的联合调度以及与堤防工程相结合, 有效地蓄滞洪水, 减小洪峰流量, 大大减轻了灌区防洪压力, 将洪水灾害降低到最低程度, 在 2020s 三种不同情景下 (RCP2.6、RCP4.5、RCP8.5) 新增防洪减灾动态效益分别约 5.11 亿元、6.12 亿元、7.84 亿元; 在 2040s 三种不同情景下 (RCP2.6、RCP4.5、RCP8.5) 新增防洪减灾动态效益分别约 11.97 亿元、14.76 亿元、19.29 亿元。

2) 灌溉效益

由于现有水利设施中存在灌溉设施不配套、调蓄工程少等问题, 农业生产中时有旱情发生, 流域灌区突出, 存在着春旱缺水问题。通过山区–平原水库群的联合优化调度, 提高水资源的利用效率, 提高灌溉保证率, 到 2030 年灌溉面积发展到 800 万亩, 农作物可得到适时适量的灌溉。通过气候变化条件下的山区–平原水库群联合调度, 有效减少了水库蒸发渗漏损失以及河道损失, 节约了大量水资源用于灌溉, 在 2020s 三种不同情景下 (RCP2.6、RCP4.5、RCP8.5) 新增灌溉效益分别约 10.18 亿元、10.26 亿元、10.37 亿元; 在 2040s 三种不同情景下 (RCP2.6、RCP4.5、RCP8.5) 新增灌溉效益分别约 10.17 亿元、10.23 亿元、10.37 亿元。

3) 发电效益

叶尔羌河流域水能资源比较丰富, 但开发利用较少, 目前流域内总装机 1.76 万 kW, 年发电量 6500 万 kW·h 左右, 远不能满足城镇、农村工农业生活用电的需求。本书研究成果实施后, 将大大提高本流域内供电能力, 形成流域骨干电网, 从而使叶尔羌河流域成为南疆能源基地, 不仅满足本流域的用电需求，还可把电送到喀什、克州和和田。不仅可以促进本流域工农业生产的发展，而且对整个南疆电气经济全面发展都将起到极大的推动作用。

在现状年下坂地水库和 24 座平原水库联合调度的情景下，山区水库多年平均发电量为 4.74 亿 kW·h，而通过气候变化条件下阿尔塔什水库、下坂地水库以及剩余的 16 座平原水库进行联合调度，优化配置水资源，不仅可提高水资源利用效率，还可大大提高水电站的发电效益，在 2020s 三种不同情景下 (RCP2.6、RCP4.5、RCP8.5) 新增发电效益分别约 6.1 亿元、6.3 亿元、6.52 亿元；在 2040s 三种不同情景下 (RCP2.6、RCP4.5、RCP8.5) 新增发电效益分别约 7.79 亿元、8.06 亿元、8.42 亿元。

4) 生态效益

塔里木河在人类活动的作用下，流域水环境与自然生态过程发生了显著变化，以天然植被为主体的生态系统和生态过程因人为对自然水资源时空格局的改变而受到严重影响。源流区土壤次生盐渍化加重，干流区来水量减少，水质盐化，下游河道断流，湖泊干涸，地下水位下降，沙漠化过程加剧，塔里木河下游以胡杨林为主体的天然植被全面衰败，夹持在塔克拉玛干沙漠和库鲁克沙漠间的"绿色走廊"濒临消失。面对塔里木河流域日益突出的生态与环境问题，通过山区-平原水库调节与反调节技术，增加向塔里木河的生态供水量，确立塔里木河生态河的定位，坚持生态与经济、上游与下游协同发展的原则，实现全流域的统一管理，确保下游基本用水，实现流域水资源的可持续利用，为流域生态与社会经济的可持续发展提供水资源的安全保障。对水资源进行优化配置：下坂地水库和阿尔塔什水库替代了 24 座平原水库，改变剩余的 16 座平原水库的蓄水时段，对水资源进行合理的调配，有效地减少了平原水库蒸发渗漏以及河道损失，显著增加了叶尔羌河生态补水量，在 2020s 三种不同情

景下 (RCP2.6、RCP4.5、RCP8.5) 新增生态补水量分别约 5.64 亿 m^3、7.81 亿 m^3、8.95 亿 m^3；在 2040s 三种不同情景下 (RCP2.6、RCP4.5、RCP8.5) 新增生态补水量分别约 6.84 亿 m^3、9.21 亿 m^3、10.45 亿 m^3。

7.2   本书主要结论

本书针对气候变化条件下干旱内陆河流域水资源综合利用的难点，解析了气候变化对内陆干旱区山区冰雪径流及衍生灾害、下游平原水库的蒸发渗漏及其旱情的影响，提出文化粒子群混沌算法和大系统协调分解算法框架，构建了适应气候变化的山区–平原水库调节与反调节模型，实现了流域多目标 (防洪、灌溉、发电和生态) 集成调度，有效提高了计算精度和效率。主要研究结论如下：

(1) 20 世纪以来叶尔羌河流域径流、气温呈缓慢递增趋势，而突发性洪水发生频率和幅度却显著增加，给下游人们的生命财产和社会经济发展带来严重威胁。山区来水的模拟结果表明，冰雪雨混合产流模型率定期和验证期的径流拟合精度都较高，说明它对叶尔羌河流域具有较好的日尺度冰雪雨混合洪水过程模拟能力；运用该模型对叶尔羌河流域未来的径流模拟结果表明，山区汛期来水仍然呈缓慢增加趋势。

(2) 基于全球气候模式 (GCMs) 对研究区在 RCP2.6、RCP4.5、RCP8.5 三种情景下 2020s、2050s、2080s 三个时段内的蒸发量进行预测，结果表明，研究区蒸发量总体呈增加态势，并且 RCP2.6、RCP4.5、RCP8.5 三个情景模式下蒸发的增加幅度依次递增；三种情景模式下所选取水库的年平均蒸发量为 1922.4~2518.0mm，蒸发渗漏损失率为 35.17%~37.39% (表 3.5)。

(3) 基于综合干旱指数 (HDI) 对内陆干旱区的旱情形势研究结果发现，内陆干旱区干旱强度呈现下降的趋势，干旱历时有缩短的趋势，1960~

1980 年是干旱发生最频繁的一段时期，进入 20 世纪 90 年代以来，干旱频率较低，但重旱、极旱仍有发生，具有阶段性的特征。从长期变化趋势看，叶尔羌河流域在雨季和旱季，干旱都呈现减弱的趋势，雨季干旱强度下降趋势明显强于旱季。未来内陆干旱区干旱态势总体上呈现缓解的趋势，但未来极端干旱和干旱面积却呈现增加的趋势，2040s 整个内陆干旱区将会处于一个较干旱的阶段，需要建立水资源优化配置措施来减小干旱所带来的社会经济损失。

(4) 针对气候变化条件下干旱内陆河流域水资源综合利用的难点，在分析水资源的时空分布、灌溉需水量、生态需水量以及水利工程的分布情况的基础上，通过概化处理构建以灌溉、生态、发电不同层次需求的综合目标函数，以山区枢纽水库及平原水库为调节手段，将粒子群算法和混沌算法进行结合，提出文化粒子群混沌算法和大系统协调分解算法框架，构建内陆干旱区山区–平原水库调节与反调节模型，并对山区水库和平原水库的调度结果进行了合理性分析，实现了流域多目标的水资源集成调度，提高了叶尔羌河流域水资源的利用效率。通过对气候变化条件下联合调度的综合效益分析研究结果表明：只考虑灌溉和生态效益，在 2010~2030 年，叶尔羌河流域水资源综合利用率在 RCP2.6 情景下可提高 16.97%，RCP4.5 情景下提高 17.41%，RCP8.5 情景下提高 17.67%。升温幅度越大，利用率越高；同时考虑防洪、发电、灌溉和生态效益，在 2010~2030 年，叶尔羌河流域水资源综合利用率在 RCP2.6 情景下可提高 33.68%，RCP4.5 情景下提高 37.13%，RCP8.5 情景下提高 42.76%。升温幅度越大，利用率越高。

7.3　展　　望

本书通过对变化环境下干旱区水文情势研究，针对"三高一平"(高寒区、高海拔、高坝、平原) 水库联合调度的难题，结合气候变化条件下内陆山区极端洪水 (枯水) 事件增加，来水过程从"窄幅振荡"向"宽幅振荡"演变的特点，在控制总体调度风险情况下，适时提高汛限水位并降低旱限水位，构建了山区-平原水库调节与反调节的两阶段联合调度模型。在遭遇特大洪水 (枯水) 年份时，可有效提高干旱区水资源综合利用效率，增强了气候变化条件下干旱区水资源综合利用的适应性。针对如何进一步改善内陆干旱区水资源的优化配置，提高水资源利用率，提高内陆干旱区防洪、发电、灌溉、生态的综合效益，实现干旱区水资源综合效益最大化，保障新疆社会经济的跨越式发展，本书提出以下展望：

(1) 在高寒地区，自然环境恶劣，常规监测仪器通常不能连续正常工作，加上建站时间短，站点稀疏，缺乏水文、气象等各类基础资料，由于资料奇缺，因而推广应用还存在局限性。下一步拟开展高寒地区水文监测实验，丰富水文数据资料，进一步探明气候变化条件下高寒山区的极端洪水 (枯水) 变化机制。

(2) 当前研究中多已建立单独的日、月、年尺度的水库群联合调度模型，但在实际应用中，短-中-长期嵌套的水库群联合调度模型，既可实现日常短期调度，也可根据中长期来水预测过程提前制定调度方案的模型，但这个模型调度现在还是个空白。随着阿尔塔什水库的竣工运用，迫切需要研究水库群的常规与应急调度相结合的方法，实现工程措施利用效率的最大化。同时，还需要完善实时调度过程的径流预报-调度双向反馈机制，提高非工程措施的科学性。

参 考 文 献

安顺清, 邢久星. 1986. 帕默尔旱度模式的修正. 应用气象学报, (1): 207-216.

陈守煜, 王子茹. 2006. 可变模糊优选理论及在水电站联合调度方案优选中的应用. 水电自动化与大坝监测, 30(6):16-20.

陈亚宁, 徐长春, 郝兴明, 等. 2008. 新疆塔里木河流域近 50a 气候变化及其对径流的影响. 冰川冻土, 30(6): 921-929.

陈志恺. 2003. 中国水资源的可持续利用问题. 水文, 23(1):38-40.

邓铭江. 2005. 新疆水资源及可持续利用. 北京: 中国水利水电出版社.

丁杰华. 2005. 水库水电站群长期运行规律研究. 武汉: 武汉大学.

董子敖, 闫建生, 刘文彬, 等. 1986. 径流时空相关时梯级水库群补偿调节和调度的多目标多层次优化法. 水力发电学报, (2): 1-15.

冯起, 刘蔚, 司建华, 等. 2004. 塔里木河流域水资源开发利用及其环境效应. 冰川冻土, 26(6): 682-690.

冯尚友. 1990. 多目标决策理论方法与应用. 武汉: 华中理工大学出版社.

冯迅, 王金文, 权先璋, 等. 2005. 遗传算法在水电站优化调度中的实用研究. 华中电力, 18(3): 12-15.

符淙斌, 董文杰, 温刚, 等. 2003. 全球变化的区域响应和适应. 气象学报, 61(2): 245-250.

傅湘, 纪昌明. 1997. 多维动态规划模型及其应用. 水电能源科学, 15(4): 1-6.

管瑶, 何仲林, 张斌, 等. 2006. 新疆水资源开发利用现状合理性分析. 水土保持通报, 26(2): 104-106.

郭江勇, 刘谋. 1997. 陇东干旱的气候分布特征及变化规律. 甘肃农村科技, (1):

28-30.

洪嘉琏, 傅国斌. 1993. 一种新的水面蒸发计算方法. 地理研究, 12(2): 55-62.

胡铁松, 万永华, 冯尚友. 1995. 水库群优化调度函数的人工神经网络方法研究. 水科学进展, 6(1): 53-60.

胡振鹏, 冯尚友. 1988. 大系统多目标递阶分析的 "分解-聚合" 方法. 系统工程学报, (1): 41-48.

黄海涛, 王丽萍, 喻杉, 等. 2013. 梯级水电站水库群调度函数优化模型研究. 人民长江, 44(23): 67-69.

姜大膀, 王会军, 郎咸梅. 2004. 全球变暖背景下东亚气候变化的最新情景预测. 地球物理学报, 47(4): 590-596.

喀什地区叶尔羌河流域管理处勘测设计院. 2000. 新疆叶尔羌河灌区续建配套与节水改造规划报告.

李世祥, 成金华, 吴巧生. 2008. 中国水资源利用效率区域差异分析. 中国人口·资源与环境, 18(3): 215-220.

李文家, 许自达. 1990. 三门峡、陆浑、故县三水库联合防御黄河下游洪水最优调度模型探讨. 人民黄河, (4): 21-26.

刘昌明, 李道峰, 田英, 等. 2003. 基于 DEM 的分布式水文模型在大尺度流域应用研究. 地理科学进展, 22(5): 437-445.

刘群明, 陈守伦, 刘德有. 2007. 流域梯级水库防洪优化调度数学模型及 PSODP 解法. 水电能源科学, 25(1): 34-37.

陆智, 刘志辉, 闫彦. 2007. 新疆融雪洪水特征分析及防洪措施研究. 水土保持研究, 14(6): 256-258.

彭穗萍. 2000. 新疆下坂地水利枢纽建设规模分析论证. 陕西水利水电技术, (2): 25-28.

濮培民. 1994. 水面蒸发与散热系数公式研究 (一). 湖泊科学, 6(1): 1-12.

秦大河, 丁一汇, 王绍武, 等. 2002a. 中国西部环境演变及其影响研究. 地学前缘, 9(2): 321-328.

秦大河, 丁一汇, 王绍武, 等. 2002b. 中国西部生态环境变化与对策建议. 地球科学进展, 17(3): 314-319.

邱林, 李文君, 陈晓楠, 等. 2007. 基于混沌算法的水库防洪优化调度. 海河水利, (4): 47-48.

邱林, 田景环, 段春青, 等. 2005. 混沌优化算法在水库优化调度中的应用. 中国农村水利水电, (7): 17-18.

任江龙, 茊登仑, 王学萍. 2007. 叶尔羌河中游渠首工程布置方案的探讨. 科技资讯, (32): 41-42.

陕西省水利电力勘测设计研究院. 1989. 新疆叶尔羌河流域平原灌区规划报告.

沈永平, 丁永建, 刘时银, 等. 2004. 近期气温变暖叶尔羌河冰湖溃决洪水增加. 冰川冻土, 26(2): 234.

施成熙, 卡毓明, 朱晓原. 1984. 确定水面蒸发模型. 地理科学, 4(1): 1-11.

施雅风, 张祥松. 1995. 气候变化对西北干旱区地表水资源的影响和未来趋势. 中国科学: B 辑, 25(9): 968-977.

水利部陕西水利电力勘测设计研究院. 2003. 新疆塔里木河流域近期综合治理下坂地水利枢纽工程可行性研究报告.

水利部新疆维吾尔自治区水利水电勘测设计研究院. 2005. 新疆叶尔羌河流域规划报告.

苏宏超, 魏文寿, 韩萍. 2003. 新疆近 50a 来的气温和蒸发变化. 冰川冻土, 25(2): 174-178.

孙桂丽, 陈亚宁, 李卫红, 等. 2010. 新疆叶尔羌河冰川湖突发洪水对气候变化的响应. 冰川冻土, 32(3): 580-586.

塔里木河流域喀什管理局. 2011. 叶尔羌河中游典型凋段河道整治技术方案专题

研究报告.

王栋, 曹升乐, 员汝安. 1998. 水库群系统防洪联合调度的线性规划模型及仿射变
　　换法. 水利管理技术, 18(3): 1-5.

王黎, 马光文. 1998. 基于遗传算法的水电站厂内经济运行新算法. 中国电机工
　　程学报, 18(1): 64-66.

魏光辉, 陈亮亮, 董新光. 2014. 基于熵值与关联分析法的塔里木河下游区域水面
　　蒸发影响因子敏感性研究. 沙漠与绿洲气象, 8(1): 66-69.

韦柳涛, 梁年生, 虞锦江. 1992. 神经网络理论在梯级水电厂短期优化调度中的应
　　用. 水电能源科学, 10(3): 145-151.

吴沧浦. 1962. 年调节水库的最优运用. 科学记录新辑, 4(2): 81-85.

武金慧, 李占斌. 2007. 水面蒸发研究进展与展望. 水利与建筑工程学报, 5(3):
　　46-50.

夏新利, 张宏科, 安小敏. 2008. 新疆克孜尔水库 2007 年汛期异重流排沙运用分
　　析. 水利建设与管理, 28(9): 66-67.

新疆水利水电勘测设计研究院. 2007. 新疆克孜尔水库泥沙淤积监测总结报告.

新疆维吾尔自治区人民政府. 2002. 塔里木河流域近期综合治理规划报告. 北京:
　　中国水利水电出版社.

徐刚, 马光文. 2005. 基于蚁群算法的梯级水电站群优化调度. 水力发电学报,
　　24(5):7-10.

张存杰, 王宝灵. 1998. 西北地区旱涝指标的研究. 高原气象, 17(4): 381-389.

张广英, 田久茹. 2004. 干旱山区雨水资源高效利用途径和技术措施探讨. 河北水
　　利水电技术, (2): 9-10.

张建云. 2008. 气候变化对水的影响研究及其科学问题. 中国水利, (2): 14-18.

甄宝龙, 尚松浩, 吐尔洪, 等. 1999. 叶尔羌河年径流量动态变化趋势分析. 灌溉
　　排水, 18(2): 7-9.

郑体超, 李永, 朱明, 等. 2010. 基于粒子群算法的梯级电站日优化调度. 四川水力发电, 29(6): 230-233.

中国工程院 "西北水资源" 项目组. 2004. 西北地区水资源配置生态环境建设和可持续发展战略研究. 北京: 科学出版社.

周韦超. 新疆河流水文水资源. 1999. 乌鲁木齐: 新疆科技卫生出版社.

朱炳瑗, 谢金南, 邓振镛. 1998. 西北干旱指标研究的综合评述. 甘肃气象, 16(1): 35-37.

Bellman R E, Dreyfus S E. 1962. Applied Dynamic Programming. Princeton: Princeton University Press.

Bhaskar N R, Whitlatch E E. 1980. Derivation of monthly reservoir release policies. Water Resource Researeh, 16(6): 987-993.

Colorni A, Dorigo M, Maniezzo V. 1991. Distributed optimization by ant colonies// Proceedings of the first European Conference on Artificial Life, Paris, France: Elsevier: 134-142.

Coulibaly P, Anctil F, Bobée B. 2000. Daily reservoir inflow forecasting using artificial neural networks with stopped training approach. Journal of Hydrology, 230(3): 244-257.

Dibike Y B, Coulibaly P. 2006. Temporal neural networks for downscaling climate variability and extremes. Neural Networks, 19(2): 135-144.

Howard R A. 1960. Dynamic Programming and Markov Process. Cambridge, MA: MIT Press.

Karamouz M, Rasouli K, Nazif S. 2009. Development of a hybrid index for drought prediction: case study. Joural of Hydrologic Engineering, 14(6): 617-627.

Kennedy J, Eberhart R C. 1995. Particle swarm optimization// Proceedings of the IEEE International Conference on Neural Networks. Piscataway: IEEE Press, 4:1942-1948.

Little J D C. 1955. The use of storage water in a hydroelectric system. Journal of the Operations Research Society of America, 3(2): 187-197.

Mckee T B, Doesken N J, Kleist J. 1993. The relationship of drought frequency and durationto time scales // Proceedings of the 8th Conference on Applied Climatology. Boston, CA: American Meteor Society, 17(22): 179-183.

Milutin D. 1998. Multiunit water resource systems management by decomposition, optimization and emulated evolution. Plant Methods, 8:43(15): 1571-1574.

Mpelasoka F S, Mullan A B, Heerdegen R G. 2001. New Zealand climate change information derived by multivariate statistical and artificial neural networks approaches. International Journal of Climatology, 21(11): 1415-1433.

Palmer W C. 1965. Meteorologic Drought. US Department of Commerce, Weather Bureau Research Paper, 45: 1-58.

Shafer B A, Dezman L E. 1982. Development of a Surface Water Supply Index (SWSI) to assess the severity of drought conditions in snow pack runoff area// Proceedings of the Western Snow Conference. Fort Collins, CO: Colorado State University, 50: 164-175.

Simonovic S P, Mariño M A. 1981.Reliability programing in reservoir management: 2. Risk-loss functions. Water Resources Research, 17(4): 822-826.

Tolika K, Maheras P, Vafiadis M, et al. 2007. Simulation of seasonal precipitation and raindays over Greece: a statistical downscaling technique based on artificial neural networks (ANNs). International Journal of Climatology, 27(7): 861-881.

Turgeon A. 1981. Optimal short-term hydro scheduling from the principle of progressive optimality. Water Resources Research, 17(3):481-486.

Windsor J S. 1973. Optimization model for the operation of flood control systems. Water Resources Research, 9(5): 1219-1226.

World Meteorologic Organization (WMO).1986. Reports on drought and countries affected by drought during 1974-1985. WMO, Geneva.

Yeh W W G. 1985. Reservoir management and operation models: a state-of-the-art review. Water Resource Research, 21(12): 1797-1818.